[illegible] SON CHEVAL,

AVEC DES CONSEILS

[illegible] UN JEUNE OFFICIER

DE CAVALERIE.

[illegible] VICOMTE DE CHOLLET,

COLONEL DE CAVALERIE.

A PARIS,

[illegible] POCHARD, successeurs de MAGIMEL,
[illegible] pour l'Art Militaire, rue Dauphine, n° 9.

18[illegible]4.

DU CAVALIER

ET

DE SON CHEVAL.

DU CAVALIER

ET

DE SON CHEVAL,

AVEC DES CONSEILS

A UN JEUNE OFFICIER

DE CAVALERIE.

PAR LE VICOMTE DE CHOLLET,

COLONEL DE CAVALERIE.

A PARIS,

CHEZ ANSELIN ET POCHARD, SUCCESSEURS DE MAGIMEL,
LIBRAIRES, POUR L'ART MILITAIRE, RUE DAUPHINE, N° 9.

1824.

CETTE ébauche d'instruction a été écrite il y a trois ans. Un lieutenant - général, homme d'esprit et doué d'une grande expérience dans l'arme de la cavalerie, après avoir lu le manuscrit, le jugea de nature à être remis au Ministre de la guerre, qui ordonna au comité spécial et consultatif de la cavalerie, de l'examiner et de lui en faire un rapport.

L'opinion du comité (en date du 10 juin 1821), n'étant pas défavorable à cet écrit, je crus pouvoir demander à son Excellence de mettre à ma disposition un escadron de cavalerie pour l'instruire moi-même d'après la méthode qui y est indiquée, et en présenter les résultats. Cet essai n'eut pas lieu.

Plusieurs officiers m'ont engagé depuis à le faire imprimer; je m'y étais refusé jusqu'à présent, ne l'ayant point rédigé avec l'intention de le publier. J'avoue même que j'éprouve, aujourd'hui, quelque peine à céder à la conviction de mes amis, qui pensent que les officiers de cavalerie pourront y trouver des vues utiles à leur instruction. C'est uniquement dans ce but que je me décide à le livrer à l'impression. Si ce motif me donne des droits à leur indulgence, puis-je donc craindre que des officiers français me fassent un tort de savoir manier le sabre mieux que la plume ?

DU CAVALIER
ET
DE SON CHEVAL.

CHAPITRE PREMIER.

Des allures considérées dans leurs rapports avec l'instruction de la cavalerie, et sous le point de vue le plus favorable à la conservation du cheval.

Pour établir sur des bases solides l'instruction du cavalier et de son cheval, il est nécessaire de la faire précéder d'un mot sur les allures. Fort peu d'officiers de cavalerie ont sur cette partie des idées parfaitement justes; le plus grand nombre, avec du zèle et même du talent pour leur métier, se borne à acquérir de la hardiesse et de la détermination, sans avoir jamais réfléchi sur ce qui peut contribuer à la conservation et à la durée des forces d'un animal si difficile à bien remplacer dans ce moment. Sans doute, celui qui, par timidité, ne saurait pas tirer, dans l'occasion, tout le parti possible de son cheval, serait indigne de servir dans la cavalerie; mais il faut qu'à cette hardiesse indispensable il joigne les connaissances qui, loin de nuire à une manière entreprenante, ne font que rendre plus faciles les moyens de l'acquérir.

Avant de présenter mes idées sur cette partie si intéressante de l'instruction, je crois utile de faire remarquer la différence qui existe entre les chevaux français, qui depuis trente ans sont tombés dans un avilissement sensible, et ceux des races étrangères, dont les qualités se sont au contraire conservées jusqu'à nos jours. Ce rapprochement impartial (tout au désavantage des nôtres) fera peut-être comprendre la nécessité, où nous nous trouvons, d'adopter un système d'instruction favorable à leur conservation, sans entraver pourtant la marche militaire, dont on ne doit jamais s'écarter.

Une chose qu'il est impossible de nier, c'est que la nature ne doue pas également tous les chevaux des mêmes moyens, d'où il s'ensuit qu'ils ne doivent pas être montés tous de la même manière; conséquence qui paraîtra juste à tout esprit droit. Si on voulait exiger des faibles ce qu'on pourrait demander sans danger à ceux qui ont plus de vigueur, il serait à craindre qu'en se conduisant avec aussi peu de discernement, on ne ruinât bientôt les premiers; les autres, mieux constitués, résisteraient sans doute plus long-temps; mais si on continuait à suivre avec eux une méthode mal entendue, il est plus que probable qu'au lieu de conserver leurs forces et même d'en acquérir de nouvelles (comme cela arrive avec une instruction sage et bien conduite), ils perdraient promptement cette vigueur, qu'un cavalier a tant d'intérêt à retrouver dans une occasion périlleuse. C'est pourquoi dans l'éducation des chevaux de cavalerie il est essentiel de prendre un juste milieu, dont le but soit de fortifier les faibles et de ne pas affaiblir les forts. En ramenant ainsi les principes à des bases prises dans la nature même du cheval le plus médiocre, on parviendra à avoir une meilleure cavalerie, et la défectuosité des chevaux sera beaucoup moins sensible.

Cette marche est d'ailleurs indiquée par les circonstances. La race française est tombée dans un tel degré d'abâtardissement, qu'on ne saurait apporter trop de soins à son éducation, afin d'en tirer les services dont elle est susceptible. Comme elle ne se compose maintenant que de chevaux lourds et mous, sans nerf ni vigueur, il serait insensé de vouloir les assimiler, pour la manière de les dresser, à ceux qui apportent en naissant les qualités qui leur manquent. On doit donc user d'une grande modération pour les assouplir, les fortifier et les amener au point de rendre des services en temps de guerre. Conserver leurs forces ensuite, est le but auquel doivent tendre les efforts des officiers de cavalerie.

Personne n'ignore que le cavalier français n'est déjà que trop disposé à exiger de son cheval au-delà de ses moyens, et que, dans une campagne, trois chevaux suffisent quelquefois à peine à sa consommation. Les principes qui tendraient à l'amener à des idées plus conservatrices, ne sauraient être repoussés par les officiers sages et instruits; une intention aussi pure aurait de grands avantages, si elle faisait ouvrir les yeux aux personnes qui ont de l'influence sur ces détails. Par la conservation des chevaux, on obtiendrait dans cette partie si dispendieuse de l'armée une très-grande économie, ce qui n'est pas à négliger dans ce moment, et la cavalerie serait moins chétive et plus imposante.

Ce n'est pas sans chagrin que je retrace ici l'état d'infériorité dans lequel nos races de chevaux se trouvent, comparativement à celles des peuples étrangers. Dans les États de l'Europe où elles ont été bonnes, on les y retrouve encore; les mêmes soins sont encore apportés aux haras, les espèces n'y ont pas dégénéré, et leurs cavaleries n'ont rien perdu dans la manière dont elles sont montées. En France, au contraire, nos bonnes races de Normandie, du Limousin, d'Auvergne, de la Navarre, etc., s'aperçoivent à peine dans les chevaux qui sortent de ces différens pays, autrefois si renommés avec raison. Je dois douter qu'on ait fait, jusqu'à présent, ce qu'il fallait pour en relever les espèces, quand je vois que les résultats sont aussi peu satisfaisans. Je me garderai bien de vouloir approfondir quelles en peuvent être les causes; il me serait plus agréable de me convaincre par mes yeux de l'efficacité des efforts du gouvernement; mais dès que je cherche des motifs de conviction, je ne trouve que de misérables chevaux, une cavalerie mal montée; alors tout espoir d'amélioration dans cette branche si intéressante de l'administration m'est enlevé, et n'apercevant que la position défavorable dans laquelle nous nous trouvons, en comparaison du reste de l'Europe, je pense que nous ne saurions trop faire pour tâcher de la rendre moins fâcheuse, et que, dans ce dessein, nous devons avoir recours à toutes les ressources de notre intelligence. Servons-nous donc des chevaux que nous avons, mais ne les rendons pas encore plus mauvais par un système d'éducation qui, au lieu de développer en eux quelque vigueur, ne peut que les énerver promptement et les mettre à jamais hors d'état de soutenir les fatigues de la guerre. Celui que je vais essayer de faire comprendre, a le double avantage de les fortifier et de les conserver. Vingt-cinq années de ma vie employées exclusivement aux détails de la cavalerie, tant en paix qu'en guerre, les observations que j'ai faites dans les différentes armées où j'ai servi, mon amour ardent pour un métier que j'ai cessé de faire avec regret, sont des raisons assez valables pour convaincre le lecteur que j'ai réfléchi souvent sur l'instruction du cavalier et de son cheval. Une application longue et suivie des principes ci-après m'en a tellement démontré la bonté, que je resterai convaincu de leur supériorité jusqu'à ce qu'une critique sage, bien raisonnée, et surtout dépouillée de préventions et d'amour-propre, vienne me prouver que je suis dans l'erreur. J'entre donc en explication.

Il y a trois espèces d'allures naturelles, *le pas*, *le trot*, et *le galop;* toute autre est fausse et ruine promptement le cheval. Elles doivent être franches, mais cependant pas assez allongées pour mettre cet animal hors de l'aplomb, dont il ne doit jamais sortir, afin de conserver sa sûreté et sa vigueur.

La première se divise en *pas ralenti* et *pas or-*

dinaire; la seconde en *trot ordinaire* et *trot allongé,* et la troisième en *galop ordinaire, galop allongé* et *galop de charge.*

Ces différentes progressions assouplissent le cheval, le mettent parfaitement d'aplomb sur ses quatres jambes, donnent au cavalier la facilité de le diriger avec calme, et introduisent dans les rangs ce liant qui assure la régularité des mouvemens, et sans lequel une bonne exécution n'est jamais que l'effet du hasard.

Le *pas ralenti* est un des moyens les plus propres à assouplir le jeune cheval, et le placer dans la position régulière qu'il doit avoir. On parvient insensiblement au degré de raccourcissement nécessaire en faisant grande attention de contenir toujours les hanches droites sur la ligne des épaules. Le *pas ordinaire* s'obtient de même par gradation en sens contraire, il ne doit pas être forcé; c'est de son trop d'allongement que viennent les fausses allures qui ruinent promptement les chevaux, telles que l'amble, le traquenard, etc.

Le *trot ordinaire* étant l'allure la plus naturelle au cheval, conserve ses forces et sa souplesse; il le tient toujours en position de répondre facilement à ce qu'on peut lui demander; mais pour en tirer les avantages qui doivent en résulter, il est des conditions indispensables à remplir, sans lesquelles on manquerait le but qu'on se propose; comme, par exemple : 1° de donner à cette allure une telle égalité que le cavalier en ait la cadence dans la tête, de même que le fantassin doit avoir celle de son pas; pour y parvenir, on la marquera en la comptant, et on la lui fera compter lui-même dans l'instruction, afin qu'il la saisisse et s'y habitue promptement; 2° de maintenir le cheval dans un calme soutenu; toute action d'ardeur le fatiguerait et empêcherait qu'on ne tirât parti de cette allure, que je recommande d'employer habituellement de préférence au pas, et dont je chercherai à démontrer plus loin les avantages; 3° d'accoutumer le cavalier lui-même à cette manière froide et tranquille, qu'il ne manquera pas de communiquer à son cheval, et qui le met si fort au-dessus d'un cavalier dur et inquiet; 4° enfin de n'employer aucuns moyens de force, le cheval devant être à son aise et se mettre d'aplomb naturellement.

Il en est de même du *galop ordinaire*, qui doit être calme et mesuré; la cadence en sera donnée comme pour le trot, c'est-à-dire en le comptant. Ces deux degrés d'allures sont les seuls qui puissent être réglés ainsi, et malgré tous les efforts que pourrait faire la critique pour blâmer ce moyen, il n'en sera pas moins admirable dans ses résultats.

Le *trot* et le *galop allongés* doivent être soumis à une règle invariable, qui est de ne jamais mettre le cheval hors de son aplomb par un degré trop fort d'allongement, et de n'obtenir même qu'avec beaucoup de sagesse et insensiblement celui auquel on doit s'arrêter. Le *galop ordinaire* est, dans tous les cas, préférable à un trot allongé, qui ne serait pas réglé ainsi.

Un moyen que je crois inconnu dans la cavalerie française pour décider le cheval à prendre une allure supérieure, doit être particulièrement recommandé ici; j'aime à penser qu'il serait adopté si, en écartant une foule de préjugés, fruit de l'habitude et de l'amour-propre, on désirait sincèrement voir cette arme acquérir la perfection à laquelle elle pourrait être portée. Dans l'instruction actuelle, on répète à chaque instant au cavalier de *rassembler son cheval;* on ignore sans doute que cette partie de l'équitation, même pour un écuyer habile, est la plus difficile et celle qui demande le plus de soins et d'étude, à plus forte raison pour un cavalier qui ne doit pas mener son cheval finement, et auquel on ne saurait rendre l'instruction trop simple et trop facile.

Rassembler un cheval, c'est le mettre parfaitement d'aplomb sur ses quatres jambes, de manière que chacune supporte également le poids de son corps. Ce résultat, qui s'obtient par l'accord parfait de la main et des jambes, sans force, sans à-coups et avec cette intelligence qui calcule toujours les moyens de l'animal, dérive aussi tout naturellement des allures modérées. On aurait tort de l'attendre du cavalier, auquel on ne peut penser à donner ce tact si rare. C'est pourquoi il résulte ordinairement de ce principe des effets fort nuisibles à la conservation du cheval, qui est mis sur ses jarrets par l'action d'une main inhabile, ainsi qu'à l'ordre qui doit régner dans les rangs, vu que l'exécution en étant toujours mauvaise, les chevaux s'animent, portent les hanches de travers, et dans cette position amènent le désordre, qu'il faut éviter avec soin.

Pour remplacer ce moyen, qui offre tant d'inconvéniens, il en est un simple, facile et conservateur du cheval; une longue expérience m'en a fait connaître les avantages sans nombre. Il consiste à forcer l'allongement de l'allure qu'on a, pour en obtenir une supérieure; ainsi, lorsqu'on veut passer du pas au trot, on allonge le pas jusqu'à ce que le cheval prenne de lui-même le trot, sans d'autres moyens que l'appui des jambes. Veut-on le mettre au galop? on allonge le trot jusqu'à ce qu'il tombe naturellement au galop, sans préalablement le rassembler, et seulement en appuyant les jambes. Ce principe simple a pour résultats de tenir constamment les hanches sur la ligne des épaules, avantage inappréciable dans les rangs, et d'opérer les changemens d'allures avec calme et sans à-coups. On objectera peut-être que cet allongement forcé doit mettre le cheval hors de son aplomb. Ce passage est si prompt qu'il est sans inconvéniens sous ce rapport, et qu'aussitôt qu'il a changé d'allure, il retrouve dans la cadence qu'elle doit avoir, la position régulière où il doit toujours rester. Aucune exception à ce dernier principe n'aura lieu dans l'instruction, si ce n'est pour le galop de charge, qui est le seul à-coup permis et même ordonné; il doit être terrible, de la plus grande vigueur, et mettre le cheval tout-à-fait hors de son aplomb; mais afin que tous puissent fournir également la même carrière, on n'exigera cette allure abandonnée que pour parcourir une distance de 50 à 60 pas. Par ce moyen, on conservera dans les rangs l'ensemble qui fait la force et les succès de la cavalerie. Une charge plus longue est toujours incertaine; beaucoup de chevaux ne peuvent pas suivre, tandis qu'au contraire les moins vigoureux résistent à cette impétuosité (quelque vive qu'elle soit) si elle est moins prolongée, attention importante à avoir pour obtenir de bons résultats.

Dans l'instruction, on n'arrivera à cette allure

forcée que progressivement. On fera allonger le *galop ordinaire* d'après les mêmes principes que ceux recommandés pour le trot; c'est-à-dire en évitant que le cheval sorte de son aplomb. L'instructeur n'augmentera le degré de vitesse qu'autant que le train de derrière chassera parfaitement, et qu'il verra que l'animal fait usage également de ses quatres jambes. L'allongement qui le mettrait dans une position différente serait très-nuisible; il ne doit pas être demandé.

Par la progression des allures et la manière ci-dessus indiquée de passer de l'une à l'autre, non-seulement on forme des chevaux calmes, vigoureux, maniables et très-commodes dans les rangs, ainsi que des cavaliers sages et entreprenans, mais aussi on rend l'instruction plus facile pour tout le monde. Si on ajoute à ces principes simples celui de la position naturelle de l'homme à cheval, on mettra sans peine tous les officiers et sous-officiers en état d'instruire, tandis que les moyens actuellement en usage excluent de cette partie de leurs devoirs, ceux qui ne peuvent se mettre dans la tête la complication des leçons.

J'ai dit plus haut que j'essaierais de prouver la préférence qu'on doit donner au trot ordinaire sur le pas, ainsi que les inconvéniens de ce dernier dans beaucoup de circonstances. Cette tâche me paraît d'autant plus facile que le temps m'a confirmé de plus en plus dans ce résultat de mes observations.

Il est établi dans la cavalerie, qu'on ne fera usage que du pas pour les routes et les marches ordinaires. Malgré tous les soins qu'on puisse apporter à bien ajuster les selles et à surveiller la position des hommes, il est très-commun de voir après ces marches des chevaux blessés, et souvent hors d'état d'être montés de long-temps ; le nombre en est quelquefois si considérable, dans de certains régimens, que l'on doit chercher le plus possible à remédier à ce vice, qui, selon moi, fait la honte de la cavalerie, et dont je crois avoir découvert le principe dans plusieurs causes que je vais faire connaître.

Le cheval au pas a moins besoin du secours de son cavalier pour se maintenir à cette allure ; celui-ci l'abandonne souvent à lui-même, il marche sans égalité, et porte à la longue la plus grande partie de son poids sur les jambes de devant, ce qu'on appelle *être sur les épaules ;* le cavalier, moins obligé à le mener, se laisse aller, ne soutient plus ses reins, ses jambes s'engourdissent, il prend une fausse position, et son corps ne se trouve bientôt plus dans la ligne perpendiculaire au centre de gravité de l'animal, ce qui les fatigue l'un et l'autre plus qu'on ne pense. Dans cette position irrégulière, la selle porte nécessairement à faux sur plusieurs points; le frottement que l'allure du pas établit, rebrousse le poil et finit par entamer le dos du cheval. Outre cela, la durée des marches est plus longue, les chevaux étant moins d'aplomb sont plus exposés à tomber. Enfin, je ne tarirais pas, si je voulais parler de tous les inconvéniens qui résultent de l'usage habituel du pas dans la cavalerie.

Le *trot ordinaire* avec les conditions, que j'ai déjà expliquées, empêche ces funestes résultats et n'en produit que d'avantageux. Dans cette allure, le cheval est sans cesse convenablement placé; chacune de ses parties supporte également le poids de son corps, sans faire souffrir l'une plus que l'autre; le cavalier est forcé de le mener; ses jambes ne s'engourdissent pas, et il conserve si naturellement sa position régulière, sans se fatiguer, qu'on n'est jamais dans le cas de l'avertir pour la reprendre. Le frottement pernicieux de la selle n'a pas lieu comme au pas; elle s'élève au contraire à chaque temps de trot, et ce mouvement laisse circuler entre elle et le dos de l'animal, assez d'air pour le rafraîchir; elle retombe ensuite droit, sans rebrousser le poil, ni écorcher l'épiderme, et si par hasard quelques chevaux sont blessés, on ne peut l'attribuer qu'aux selles qui auront été mal ajustées. A tant d'avantages inappréciables, il faut encore y ajouter celui de raccourcir la durée des marches, d'y établir plus de régularité par l'obligation où se trouve le cavalier de s'occuper davantage de son cheval; enfin on doit aussi compter pour quelque chose le temps qu'on peut donner de plus aux soins et au repos des hommes et des chevaux.

Par l'usage habituel du *trot ordinaire*, je n'entends pas cependant prononcer l'exclusion totale du pas; on l'emploiera de temps en temps, particulièrement lorsque le terrain sera mauvais ou montueux, en observant les précautions, que j'ai recommandées plus haut; mais comme il entre dans mes principes de n'en faire usage que rarement et dans les occasions obligées, il ne pourra jamais avoir les conséquences nuisibles dont j'ai parlé.

Je terminerai par une réflexion, que tout officier impartial et de bonne foi ne niera pas, c'est qu'en laissant à la cavalerie française la portion de gloire qu'elle s'est acquise par sa bravoure et sa constance dans les longues guerres qu'elle a eu à soutenir, on peut dire avec vérité et sans crainte de blesser personne, que cette arme est susceptible d'amélioration, et que les sujets propres à la lui faire acquérir, sont très-rares. L'instruction qu'elle exige, les détails immenses dont elle se compose, mettent un officier dans l'impossibilité d'apprendre en campagne tout ce qu'il doit savoir pour être capable de former une bonne troupe. C'est ce qui fait qu'elle se ressent encore de ce dénuement de bons instructeurs ; il s'en formerait avec le temps, s'ils étaient dirigés d'après de bons principes ; j'insiste d'autant plus sur ce dernier point, que les bases de l'instruction actuelle me paraissent vicieuses, ce qui en retarde les progrès au lieu de les accélérer, but auquel on doit toujours viser.

A l'appui de mon opinion, je vais joindre à cette faible esquisse sur *les allures*, des observations auxquelles je désire sincèrement qu'on réponde. Si je suis dans l'erreur, j'attends qu'un officier plus instruit que moi vienne m'en tirer. J'ai toujours accueilli avec empressement tout ce qui pouvait rectifier mes idées et les diriger vers le bien.

On trouvera après ces observations un tableau sommaire d'instruction pour les jeunes chevaux. Je ne l'ai point mis immédiatement à la suite de ce que je viens d'écrire sur eux, parce que j'ai pensé qu'il serait mieux compris après qu'on aurait lu les principes dont je vais donner les détails.

CHAPITRE II.

Observations sur une partie du Règlement actuel, intitulé : *Ordonnanec provisoire sur l'exercice et les manœuvres de la cavalerie.*

Le titre de ce Règlement aurait dû faire espérer que les années de paix, dont la France vient de jouir, auraient tourné au profit d'une arme qui, sous le double rapport de l'homme et du cheval, devait inspirer d'autant plus d'intérêt, qu'elle avait été fort négligée pendant la guerre. Les officiers sans préventions, et doués de quelques connaissances, s'attendaient à une révision de principes, à la suppression de plusieurs erreurs, et par conséquent à une ordonnance *stable*, qui aurait fixé irrévocablement tous les détails. Ce travail n'a pas eu lieu jusqu'à présent, j'ignore si on s'en occupe; dans tous les cas, on peut être sûr que plus on tardera, plus il sera difficile de ramener la cavalerie à de bons erremens; c'est pourquoi je hasarde quelques observations sur l'état où elle se trouve maintenant, et sur les moyens d'amélioration dont j'ai reconnu les bons effets pendant la longue carrière militaire que j'ai parcourue. Je les écris avec le sentiment que quelque esprit juste en saisira ce qu'il y a de bon, et qu'un jour elles pourront ne pas être sans utilité. Si cela se réalise, je serai assez récompensé par la seule satisfaction d'avoir contribué au perfectionnement d'une arme aussi intéressante, en signalant les fausses bases sur lesquelles elle repose depuis tant d'années. Je ne commenterai que l'École du cavalier à cheval, qui, à mon avis, offre de grands défauts. Mon opinion, appuyée de raisonnemens, pourra peut-être faire ouvrir les yeux sur les vices de cette instruction.

ÉCOLE DU CAVALIER.

L'École du cavalier durera six mois. Ce temps n'est que suffisant pour le mettre en état d'entrer à l'escadron. Cependant, si les circonstances étaient tellement impérieuses, qu'il fallût presser l'instruction, on raccourcirait chaque mois de huit ou quinze jours, selon la nécessité; mais en même temps on aurait grand soin de ne pas s'écarter de la marche progressive prescrite pour tous les détails. On se tromperait fort si l'on croyait obtenir des résultats plus prompts par des moyens moins méthodiques; il n'en résulterait à coup sûr que de très-mauvaise besogne.

PREMIER MOIS (1).

Des premiers principes dépend la bonne instruction du cavalier pour toute sa vie; il est donc important de les calculer de manière à être sûr de leurs résultats, à ne rien laisser au hasard sous ce rapport, et à rendre moins grandes les difficultés de l'équitation. Pour y parvenir, il faut simplifier les moyens au point de les mettre d'accord avec les facultés intellectuelles de l'homme le plus vulgaire, se borner dans les commencemens à relâcher, à assouplir ses membres, et à lui inspirer une telle confiance en son cheval qu'il n'ait pas même la crainte d'en tomber. Ce n'est que lorsqu'on a atteint ce but, qu'on peut espérer de voir se former sans peine des hommes propres à la cavalerie : la besogne devient alors facile pour l'instructeur, qui obtient en peu de temps des progrès étonnans, s'il se fait une loi de n'exiger de ses élèves qu'à me-

(1) Je donne à chaque division de l'École du cavalier la dénomination de *Mois*, au lieu de celle de *Leçon*, comme elle existe dans le Règlement actuel, parce que le travail de chaque mois se composant de différentes leçons, j'ai voulu distinguer la partie d'avec le tout.

sure qu'ils acquièrent de la souplesse. Comme la crainte est le sentiment assez ordinaire de l'homme qui commence à monter à cheval, on ne négligera rien de ce qui peut la détruire, et l'on mettra son esprit et son corps aussi à l'aise qu'il sera possible. Il aura pour ce premier travail un vieux cheval calme et doux, qui puisse le conduire sans qu'il soit obligé de s'en occuper; on le fera monter en bridon et en selle; j'insiste pour la selle, parce que je pense que la leçon donnée sur la couverte, retarde beaucoup l'instruction. Mon avis est fondé sur ce que l'homme y trouvant moins de moyens de tenue, on lui rend cette première leçon plus difficile; sa peur augmente, il se roidit pour ne pas tomber, on a plus de peine à le faire relâcher et à lui inspirer la confiance et le sang-froid qui doivent l'amener insensiblement à des progrès certains. Lorsqu'ensuite il est mis en selle, ce changement l'étonne, il revient à sa première roideur, et si on ne travaille pas de nouveau à le relâcher et à l'assouplir, son instruction est manquée, et il est presque impossible de lui donner une bonne position; voilà donc du temps de perdu. Il y a au contraire tout à gagner de le faire travailler en selle dès le commencement: il s'y trouve plus à son aise, parce que réellement sa tenue y est moins hasardée; elle lui offre en même temps toutes les sûretés possibles, ce qui tranquillise son esprit, dissipe sa peur plus promptement, et dans cet état moral l'instructeur a toute facilité pour l'assouplir. S'il était possible de le mettre dans un fauteuil pour les premières leçons, il faudrait le faire, par la raison que plus on présente de facilité aux élèves en commençant, moins on les décourage et mieux on les dispose pour vaincre les difficultés qu'ils doivent rencontrer plus tard. Le cavalier a assez d'occasions de monter en couverte ou à poil, soit en promenant les chevaux, soit en les menant à l'abreuvoir, à la forge, etc. pour en faire un point de son instruction; dans ces différentes circonstances il apprendra à sauter sur son cheval. On pourra lui en donner les principes séparément; mais hors des momens destinés au travail, et l'amener par degrés à sauter en selle des deux côtés.

L'usage de la longe me paraît de même vicieux. Il faut sans doute qu'on n'y ait pas encore réfléchi, puisqu'on continue à en faire un abus très-nuisible aux progrès de l'instruction. Tout homme qui a un peu d'habitude du cheval, sait combien il y a de difficultés attachées à ce genre d'exercice. Le mouvement circulaire, qui contrarie sans cesse la position, ne permet pas à l'instructeur de la diriger à son gré. Le malheureux recrue, obligé de lutter contre les forces du cercle, se roidit tellement pour exécuter ce qu'on lui demande, qu'il devient impossible de l'assouplir au degré qui est nécessaire, avant de songer à lui dire un mot de position. On ne se servira donc de la longe que pour lui inspirer un peu de confiance en son cheval, ce qui s'opère en cinq ou six leçons, dans lesquelles on ne doit exiger de lui que de se relâcher; alors les inconvéniens inséparables du travail circulaire sont nuls, puisqu'il n'a lieu que pour assouplir l'homme, qui n'est nullement obligé de penser à autre chose, et qu'il importe fort peu que son corps soit de travers, s'il acquiert la première confiance qui doit faire la base de son instruction.

On ne lui dira autre chose que de se laisser porter par son cheval, qu'il ne doit pas chercher à conduire; on lui fera faire des mouvemens circulaires avec les bras par-dessus la tête. Quand tous ses membres ont acquis un relâchement parfait, on le fait travailler sur le droit, et il ne doit plus être question de la longe dans tout le reste de l'instruction.

Comme il est important de conserver dans le recrue cette disposition de souplesse, et même de chercher à l'augmenter de plus en plus, on ne lui parlera que peu à peu des principes de la position. On lui fera d'abord soutenir les reins et porter la ceinture en avant, ensuite ouvrir la poitrine en effaçant les épaules; mais on continuera encore long-temps à lui dire de relâcher ses jambes et de laisser tomber ses épaules et ses bras; on lui placera les rênes du bridon dans la main gauche comme celles de la bride, position qu'il doit toujours conserver et qui lui donnera par la suite une grande facilité pour mener son cheval. Cette manière pourrait faire craindre de voir le cavalier se roidir et prendre l'habitude de se tenir à la main. Loin d'avoir cet inconvénient, elle finit par lui rendre l'emploi de la bride beaucoup plus facile, et tout en lui donnant plus de finesse et de tact, elle a aussi l'avantage de lui apprendre de bonne heure à conduire son cheval d'une seule main, ayant l'autre libre pour le maniement de ses armes. On lui fera faire de fréquens mouvemens du bras droit, effacer le corps à droite et à gauche. L'allure sera le *pas ordinaire* et *ralenti*, et *le trot ordinaire*, d'après les principes établis dans ce que j'ai dit plus haut sur les allures; des *à-droite*, *à-gauche*, *demi-tours à droite et à gauche*, *arrêter* souvent et *reculer*, seront les seuls mouvemens qu'on lui demandera pendant ce premier mois. Dans les commencemens on n'exigera pas de régularité, jusqu'à ce qu'on s'aperçoive qu'il acquiert plus de facilité pour mener son cheval. On s'occupera à l'asseoir naturellement sans gêne, ce qui ne peut s'obtenir qu'en assouplissant toutes les parties de son corps. Il y aura à chaque coin du manége un sous-officier à pied, qui veillera à ce que les principes s'exécutent et, lorsque les hommes passeront devant lui, il les leur rappellera à voix basse en s'adressant nominativement à ceux qui y manqueront. L'instructeur est le seul qui doive parler haut ; il le fera avec calme et douceur, et s'abstiendra surtout du verbiage qui n'est que trop en usage dans l'instruction actuelle : la sienne doit être fondée sur la tranquillité et la patience. Tous ses soins doivent tendre à inspirer à ses élèves ce sang-froid qui rend la cavalerie si bonne et si redoutable, ainsi que l'émulation, qui est le plus grand mobile des succès. La chambrière, dont beaucoup de gens font un si mauvais usage, sera entièrement proscrite. Les officiers et sous-officiers employés à l'instruction auront la permission d'avoir une cravache. Le travail journalier de ce mois commencera toujours par la position du cavalier avant de monter à cheval, et par la leçon pour y monter; il finira par celle pour mettre pied à terre. Le commandement sera : *Garde à vous ; pour monter à cheval*; A CHEVAL ; *pour mettre pied à terre ;* PIED A TERRE. Je ne vois pas de nécessité à faire précéder ces commandemens des mots, *préparez-vous*, qui ne font que les allonger sans ajouter à leur clarté.

L'exécution sera comme dans le Règlement actuel. On donnera de pied ferme la leçon de la position simple et naturelle de l'homme à cheval, qui consiste à être parfaitement relâché de la ceinture en bas, à soutenir le bas des reins en portant la ceinture en avant, à laisser tomber les épaules et les bras, effacer la poitrine, tenir la tête haute et aisée, et ne porter le corps ni en avant ni en arrière. Ces principes seuls suffisent. En exigeant qu'ils soient mis à exécution, on donnera au cavalier une assiette solide, et l'aisance dont il a besoin pour bien mener son cheval. On lui apprendra à tenir ses rênes dans la main gauche, à les prendre dans la main droite, leur usage et leur effet. Pour faire *un à-droite*, il portera la main à droite en tournant les ongles en dessus et sentant l'appui du bridon sur les lèvres du cheval; il appuiera le gras de la jambe droite, sans trop la plier, ayant la gauche près pour soutenir les hanches. Le mouvement fait, il replacera sa main et relâchera ses jambes. Pour faire *à-gauche*, il portera la main à gauche en tournant très-peu les ongles en dessous, et sentant de même l'appui du bridon; le reste comme ci-dessus, mais dans le sens inverse. On fera attention de n'exiger l'emploi des jambes qu'en proportion du degré de souplesse qu'elles auront acquis.

3

On supprimera tout-à-fait de ce premier mois la leçon du *Pincer,* prescrite dans le Règlement, attendu qu'il est plus important qu'on ne pense d'écarter des commencemens tout ce qui tendrait à donner de la roideur, et certes cette leçon en est un principe incontestable.

On bannira entièrement de l'instruction le moyen pernicieux indiqué à chaque instant sous la dénomination de *rassembler son cheval.*

Je crois en avoir dit assez sur cela plus haut, pour n'être pas obligé d'y revenir.

A la fin du travail, on dispersera toujours au pas, qu'on fera ralentir et allonger; cette leçon est très-profitable, en ce qu'elle force l'homme à conduire son cheval. On fera reformer sur un rang à files ouvertes, mettre pied à terre, défiler par la droite et par la gauche comme dans le Règlement. Dans ce travail, le cavalier n'aura pas d'éperons.

Un principe général, qu'il faut bien faire comprendre aux cavaliers, c'est que dans l'exécution chaque homme, quelle que soit la place qu'il occupe, doit agir comme s'il était seul, et obéir aussitôt que le commandement frappe son oreille, sans jamais se régler pour cela sur son voisin, ou celui qui le précède. C'est un moyen qui, avec l'égalité des allures, établit sûrement l'ensemble et l'union.

DEUXIÈME MOIS.

Le travail de ce mois aura pour but de placer le cavalier plus correctement, de lui apprendre à se servir de ses jambes et de son sabre.

Les hommes auront leurs sabres et point d'éperons. Les chevaux seront en bridons.

Après être arrivés au manége, les chevaux conduits en main, on formera les cavaliers sur un rang, placés comme il est prescrit avant de monter à cheval. On les fera compter par trois, et monter à cheval de la manière indiquée dans le chapitre des subdivisions et mouvemens par trois (*voyez ci-après*). Le travail se fera sans étriers.

Dans le Règlement actuel, ce n'est qu'à la cinquième leçon qu'on fait travailler les hommes le sabre à la main. Le retard qu'on met à leur faire prendre l'habitude de cette arme, est mal calculé, vu qu'on ne saurait trop tôt rendre les mains indépendantes l'une de l'autre, afin que l'usage du sabre ne puisse jamais nuire à la justesse qui doit exister dans la main gauche. Cela a de plus l'avantage d'empêcher que la main droite ne vienne machinalement contribuer à diriger le cheval, qui, en bridon comme en bride, devra toujours l'être d'une seule (1). On ne fera nulle attention aux premières difficultés de ce moyen ; elles seront bientôt vaincues, et son résultat sera tellement satisfaisant qu'on ne pourra que s'applaudir de l'avoir employé.

On commencera donc dès ce second mois à faire travailler les hommes le sabre à la main, et on continuera ainsi tout le reste de l'instruction.

Le travail se composera des leçons suivantes : *monter à cheval ; faire mettre le sabre à la main* (2) ; *indiquer de pied ferme les positions des temps de sabres suivans :*

1° Position du sabre à l'épaule : (différente de la position actuelle qui est gênante et roidit l'homme.)

2° Temps du premier rang, } Pour la charge (3).
3° Temps du second rang, }

(1) Cette règle n'aura d'exceptions que pour la leçon *du pincer* dans le quatrième mois, pendant les trois premiers jours du cinquième, comme on le verra plus loin, et pour la classe des jeunes chevaux, pendant les deux premiers mois en bridons, et les trois premières leçons du sixième en brides. Les autres classes mèneront toujours d'une main.

(2) Trois mouvemens au lieu de deux, comme le prescrit le Règlement actuel.

(3) Ces deux positions différentes de celles du Règlement.

4° Parez à droite, 5° Parez à gauche, 6° Parez en arrière, 7° En parade, 8° Coup de revers.	*Nota.* Il faudra se borner à ces temps de sabre pour assouplir les hommes pendant toute la durée de l'instruction, et ce ne doit être que lorsqu'ils savent galoper, qu'on les mettra aux leçons de l'espadron, ayant soin de les leur faire exécuter à pied, avant de les exiger à cheval.

On rompra *par un* sur le carré, alternativement par la droite et par la gauche. On fera des *à-droite*, *à-gauche*, *demi-tours* et *tours entiers*, en exigeant toujours progressivement plus de régularité ; on passera souvent du pas au trot ordinaire et du trot au pas ; on fera ralentir le pas, l'allonger, et pendant ce travail les temps de sabre ci-dessus seront exécutés. La colonne étant au pas, l'instructeur fera détacher trois hommes de la tête à la fois au trot, qui se mettront en cercle autour de lui ; ils changeront de main par demi-tours, et après avoir trotté un moment et fait des temps de sabre, ils regagneront la queue de la colonne. On veillera sur la manière dont ils mènent leurs chevaux, afin qu'ils arrivent à leurs places avec calme et tranquillité ; on donnera successivement cette leçon à tous les hommes de la classe. Cette leçon a l'avantage d'habituer insensiblement les hommes et les chevaux au mouvement circulaire; elle les assouplit par degrés en la combinant avec les demi-tours et tours entiers, et remplace avec fruit l'usage de la longe, dont j'ai expliqué les inconvéniens.

On commencera à faire *allonger le trot*, mais en mettant à cette leçon toutes les précautions recommandées dans ce qui a été dit plus haut sur les allures. On fera *arrêter* souvent, *reculer* deux ou trois fois chaque jour de travail. *Marcher trois* et *rompre par un*.

Dans le Règlement, les doublemens *par deux* et *par quatre* sont successifs. Cette manière établit le désordre et me paraît sans avantage réel; elle est cause que les hommes se pressent pour atteindre, le plutôt possible, celui sur lequel ils doivent doubler, et fait que les chevaux s'animent; d'où il résulte des refoulemens, qu'il faut éviter dans la cavalerie. Les moyens que je vais expliquer sont plus réguliers; ils ont pour résultats l'ordre, le liant et la promptitude, préviennent les à-coups et conservent le calme, sans lequel aucun mouvement ne s'exécute bien. Ainsi lorsqu'une troupe rompue par un, la droite en tête, doit *marcher trois*, l'homme de la tête, après le mot *marche*, continue encore six pas et fait *halte;* tous les cavaliers, qui comptent *droite*, restent au pas, ceux qui comptent *centre* et *gauche*, viennent simultanément, par un oblique à gauche et au trot ordinaire, se porter à la gauche des premiers, qui ne prennent le trot que lorsque les deux autres arrivent à côté de lui. Tous les rangs de trois serrent ensemble, et lorsque les deux tiers de la colonne ont gagné leur distance, l'instructeur commande *marche*; la tête de la colonne se met en mouvement au pas. De cette manière les derniers rangs de trois n'arrêtent pas, et arrivent tranquillement à leur place.

Ces principes sont applicables aux deux rangs qui exécutent ce mouvement ensemble, par la raison que les hommes du second rang doivent toujours suivre leurs chefs de file.

Pour dédoubler par un, la colonne étant au pas, au mot *marche*, la première file de la tête prendra le trot ordinaire et continuera droit devant elle. Les deux à sa gauche allongeront le pas, obliqueront successivement à droite, se porteront derrière la première et la suivront au trot; tous les autres rangs de trois feront de même, et lorsque les deux tiers de la colonne auront dédoublé, on la remettra au pas.

Ces principes seront les mêmes à toutes les allures, on les allongera seulement d'après le mode indiqué dans le chapitre qui en traite, et on reprendra toujours, après le mouvement, celle qu'on avait auparavant (1).

On fera *marcher trois* et *prendre la queue de la colonne* individuellement au trot ordinaire. Cette leçon est une des meilleures pour apprendre aux cavaliers à bien mener leurs chevaux; elle consiste à faire détacher successivement, à une allure supérieure, les hommes de la tête, et à leur faire parcourir ainsi isolément le terrain pour leur faire gagner la queue de la colonne, ayant bien soin de leur faire observer les progressions prescrites dans ce qui a été dit sur les allures.

On fera trotter par rangs de trois, passer du trot au pas et du pas au trot, ralentir le pas et arrêter souvent, former sur un rang à droite et à gauche, à files aisées et sans exiger d'alignement. On fera sortir du rang individuellement, en désignant chaque homme par son nom. Ils se disperseront au pas, et on les reformera ensuite sur un rang. On fera remettre le sabre, mettre pied à

---

(1) Ce que je viens de dire doit s'entendre pour un peloton seul ou toute autre troupe isolée. Lorsqu'il y en aura plusieurs les unes derrière les autres, on appliquera le principe à l'ensemble, sans quoi le défilé se trouverait engorgé; dans ce cas ce sera au chef d'escadron, ou au commandant du régiment, à régler ces mouvemens, tant pour doubler que pour dédoubler.

terre et défiler par la droite et par la gauche. On rentrera les chevaux en main à l'écurie.

TROISIÈME MOIS.

Les deux premières leçons du Règlement actuel sont entièrement consacrées au travail à la longe. En sortant de là, les hommes qu'on a cherché à bien placer en leur parlant sans cesse de position et de principes qu'ils ne peuvent mettre à exécution qu'avec beaucoup de difficultés (comme je l'ai expliqué plus haut); ces hommes, dis-je, loin d'avoir acquis de la confiance et de la souplesse, passent à la troisième leçon avec de si mauvaises habitudes de position, que je ne regarde pas seulement comme inutiles les soins qu'on a donnés à leur instruction, mais il m'est prouvé qu'ils leur ont été nuisibles, et que la suite du travail ne fait que les confirmer dans leurs défauts, sans espoir de les corriger. L'expérience et les résultats sont pour moi de grands motifs de conviction; tous les hommes, que j'ai vu dresser et que j'ai dressés moi-même sur les principes que je recommande ici, sont parvenus plus ou moins promptement, d'après leurs dispositions naturelles, à avoir cette aisance, cette solidité, cette vigueur et cette position militaire, qui font le vrai cavalier; ceux au contraire formés par les principes que je combats, sont, pour la plupart, roides et mal placés; ils n'emploient que des moyens de force avec leurs chevaux, et cependant leur instruction a donné aux officiers et sous-officiers plus de peine que n'en exige ma méthode, qui est simple, calme et facile pour tout le monde.

Je me suis demandé souvent pourquoi une nation aussi intelligente, que l'est la nation française, n'avait pas encore découvert les vices de l'instruction individuelle de sa cavalerie? plusieurs livres sur cette arme ont été publiés depuis quelque temps; tous, dictés par d'excellentes intentions, contiennent de fort bonnes idées, mais elles portent moins sur les détails de l'instruction que sur les résultats, qui en sont pourtant la conséquence immédiate. Quand un architecte veut élever un édifice, il commence par en établir solidement les fondations; il continue avec méthode sa construction jusqu'à son parfait achèvement, et si par malheur il s'écartait des règles de son art, il serait à craindre que tout ne croulât bientôt. Il en est de même de l'objet que je traite; a-t-on manqué le début de l'instruction, rien par la suite ne peut réparer le mal. On est étonné que les soins journaliers qu'on se donne, n'aient pas de meilleurs résultats, et l'on ne voit pas que ce sont les principes qui manquent par leurs bases.

Dans cet état d'imperfection on met, d'après le Règlement, le cavalier au large avec des étriers. Ces deux pas vers le but de son instruction ne sont pas calculés de manière à détruire les mauvaises habitudes que lui a fait contracter un long exercice de la longe, ni à lui inspirer la confiance nécessaire à ses progrès; il n'a appris que très-peu à mener son cheval, par la raison que les chevaux se routinent à la marche circulaire, et que leurs mouvemens ne sont pas entièrement soumis à la main et aux moyens du cavalier, comme ils le sont sur la ligne droite. On lui demande donc à la fois deux choses très-difficiles, mener son cheval, que seul il n'a pas dirigé jusqu'alors, et tenir ses étriers. Qu'en résulte-t-il? de la confusion dans son esprit, et un embarras tel, que les défauts qu'il apporte des deux premières leçons, ne font que s'accroître. Il n'a point assez de souplesse ni de solidité, pour que les étriers portent le poids de ses jambes; il pèse sur eux, afin de ne pas les perdre; il se roidit encore davantage, et la perplexité dans laquelle il se trouve pour exécuter ce qu'on lui demande, nuit de plus en plus à son assiette et à ses progrès; il est en même temps obligé de mener son cheval pour la première fois avec ses propres moyens. Je laisse tout officier impartial juger si le cavalier instruit de la sorte, peut vaincre facilement les difficultés inséparables de l'équitation. Dans mon plan, au contraire, on a dû remarquer jusqu'à présent une progression méthodique, qui doit les lui faire traverser sans dégoût et sans peine, tout en lui donnant une position solide, mais naturelle.

C'est pour ne pas m'écarter du principe : *qu'on ne saurait trop assouplir le cavalier avant d'exiger de lui*, que pendant ce troisième mois je ne lui fais pas encore prendre les étriers ; et certes, je puis affirmer qu'à cette époque il mène beaucoup mieux son cheval que celui qui a travaillé à la longe pendant quarante jours. On continuera à le confirmer dans sa position et l'usage de ses jambes ; on rendra de plus en plus sa main gauche indépendante du reste du corps, et on ne travaillera qu'à le relâcher davantage, sans jamais lui dire de tourner ses cuisses. Le seul principe de soutenir le bas des reins et de pousser la ceinture en avant, suffit pour mettre les cuisses dans la position convenable. Effacer les épaules sans les roidir, les laisser tomber naturellement, ainsi que les bras et les coudes, avoir la tête haute et libre, rectifier les mouvemens de la main ; tels sont les points sur lesquels l'attention de l'instructeur se portera ;

mais il aura soin de ne pas faire ses observations en général, et de ne les adresser qu'individuellement à chacun des hommes qui en a besoin.

Les chevaux seront en bridons. Les hommes auront leurs sabres et le pistolet gauche, les éperons découverts, mais sans étriers ; ils seront dix-huit ou vingt-quatre, placés sur deux rangs ouverts, les chevaux en mains. On fera monter à cheval et connaître aux hommes du second rang que dans toutes les circonstances ils devront toujours conserver la distance d'un pied de la tête de leurs chevaux à la croupe de ceux du second rang, et être droits sur leurs chefs de file. (*Voyez le Chap. IV.*) On fera mettre sabre à la main, rompre par files, tantôt à droite, tantôt à gauche; faire des demi-tours et tours entiers par deux. La colonne étant au trot, ces mouvemens se feront toujours au pas, et lorsqu'ils sont finis, chaque cavalier reprend l'allure qu'il avait auparavant. On fera allonger et ralentir souvent le pas et le trot. On arrêtera du trot ordinaire et on le reprendra de pied ferme, en observant le principe établi dans le chapitre des allures.

Pendant ce travail, on fera des temps de sabre et de pistolet. Le sabre restera suspendu au poignet pour faire les derniers, qui se borneront aux temps suivans :

1° Pisto let (à la) main.
2° (En) joue.
3° Visez à droite.
4° Visez à gauche.
5° Visez en arrière.
6° (En) joue.
7° Feu.

Nota. On prendra le pistolet par-dessus la main gauche, on l'apportera dans celle-ci, on l'armera et on le redressera perpendiculairement, le poignet à la hauteur de l'épaule droite. Au commandement (*en joue*) on vise droit devant soi. Avant d'exécuter un autre mouvement, on revient toujours à la première position, le poignet à la hauteur de l'épaule.

Après avoir fait feu, on reste un instant le bras tendu avant de remettre le pistolet dans la fonte. Tous ces mouvemens doivent s'exécuter avec beaucoup de calme et de souplesse, afin de ne pas surprendre les chevaux.

On fera dédoubler *par un.* L'instructeur prendra six hommes autour de lui en cercle, et ainsi successivement tous ceux de la classe, qui, après cette leçon, regagneront la queue de la colonne.

On fera *marcher trois, prendre la queue de la colonne* au trot allongé, en observant les progressions d'allures. On fera trotter par trois, passer du pas au trot et du trot au pas ; arrêter et reculer. On donnera par rang les principes d'alignement à files aisées, et ceux de conversion à pivot mouvant, faisant ouvrir et serrer les files au pas et au trot ordinaire. On fera reculer par rang, sortir du rang individuellement au trot ordinaire, disperser, allonger et ralentir le trot; reformer sur deux rangs, remettre le sabre, mettre pied à terre, défiler par la droite et par la gauche, et rentrer les chevaux en main à l'écurie.

Nota. Dans tous les dédoublemens, on donnera pour principes aux hommes du second rang de suivre leurs chefs de file à un pied de distance, et à ceux du premier de se porter droit devant eux, six pas avant d'obliquer pour prendre la direction de la colonne. Les files qui doivent dédoubler, se mettront en mouvement lorsque le second rang arrivera à la hauteur du premier.

QUATRIÈME MOIS.

Dans le Règlement provisoire, le travail de la quatrième leçon se fait en bride.

Je pense que plus on cherche à presser l'instruction du cavalier, moins on obtient de résultats certains. Une longue habitude du bridon lui rend l'usage de la bride beaucoup plus facile, et lorsqu'il a exécuté avec le premier tous les mouvemens qui lui sont nécessaires pour être dans le rang avec avantage, mener son cheval en bride n'est plus qu'un jeu pour lui; les chevaux y gagnent aussi, vu que sa main étant plus légère, ils n'en sont pas tourmentés, comme cela arrive presque toujours lorsqu'on exerce trop tôt le recrue avec la bride.

C'est dans cette vue, fondée sur une longue pratique, que je me suis imposé la loi de faire travailler en bridon pendant quatre mois; ce temps est déjà assez court (sauf encore les réductions que les circonstances peuvent forcer de faire sur chaque mois) pour espérer que tous les hommes indistinctement auront fait assez de progrès, pour qu'il n'y en ait pas quelques-uns dont l'instruction ne laisse encore quelque chose à désirer au moment où ils devront se servir de la bride. Cependant les principes que j'indique ont cela d'avantageux sur les autres, c'est qu'étant simples, faciles et méthodiquement progressifs, ils laissent moins en arrière les hommes les plus difficiles à dresser, qui se font très-peu remarquer dans l'ensemble: d'ailleurs, si l'instructeur en chef est intelligent, il saura distinguer ceux qui font le moins de progrès, et il retardera leur instruction de quinze jours ou d'un mois, selon le besoin qu'ils en auront.

On continuera donc à travailler en bridons pendant ce mois. Les hommes auront leurs étriers,

Les sous-officiers instructeurs auront soin, avant de venir au manége, pour ne pas perdre de temps, de les ajuster à la longueur convenable, qui doit être fixée de la manière suivante : les hommes étant droits en selle, les jambes tombantes sans chausser les étriers, la grille doit être à la hauteur de la semelle de la botte près du talon ; l'étrier une fois chaussé, le pied et la jambe se trouveront dans la position convenable, sans rien déranger de celle du reste du corps.

On amènera la classe au manége, à cheval et par files. On les formera sur deux rangs en y arrivant. L'instructeur s'assurera si les étriers ont été bien ajustés, et fera rectifier ce qu'il y aura de défectueux. Il fera compter par trois, mettre le sabre à la main, et dédoubler *par un;* passer souvent du pas au trot ordinaire, et du trot au pas ; allonger et ralentir l'une et l'autre allure ; arrêter du pas et du trot, et reculer. Il aura l'attention de bien surveiller la position des jambes, afin que les étriers ne servent qu'à en supporter le poids, et que les hommes ne pèsent pas dessus. Il commandera souvent des temps de sabre et de pistolet, des à-droite, à-gauche, demi-tours et tours entiers par cavalier. Il donnera le principe *d'oblique à droite* et *à gauche,* qui est le même que dans le Règlement, et les fera exécuter plusieurs fois. Il fera *marcher trois* par les principes expliqués dans les leçons du deuxième mois; *prendre la queue de la colonne*, successivement au trot ordinaire et allongé; passer souvent du pas au trot et du trot au pas; allonger l'une et l'autre allure; arrêter du pas et du trot; reculer, faire des à-droite, à-gauche, demi-tours, tours entiers par trois, en se conformant aux principes prescrits dans ce qu'on trouvera ci-après sur les mouvemens par trois; former sur deux rangs; rompre souvent par trois, par la droite et par la gauche; obliquer par trois à droite et à gauche.

Pendant ce travail on commandera fréquemment des temps de sabre et de pistolet.

On fera faire les mouvemens par trois de pied ferme, et en marchant au pas et au trot; appuyer à droite et à gauche. On donnera les principes d'alignement sur deux rangs à files aisées, au pas et au trot, en faisant observer à chaque file de ralentir son allure (*si c'est au pas*) lorsque la tête des chevaux est à la hauteur de la croupe de ceux sur lesquels elle doit s'aligner, afin d'arriver calme sur le point d'alignement. Si cette leçon se donne au trot, chaque file se mettra au pas à la même hauteur. Les principes de conversion seront toujours donnés à pivot mouvant, en faisant ouvrir et serrer les files au trot, ayant soin de le faire allonger et ralentir souvent. Le principe du second rang, pour les conversions, est le même que dans le Règlement, à la distance près, qui est toujours d'un pied au lieu de deux. On fera sortir du rang individuellement au trot; disperser en allongeant et ralentissant le trot; arrêter, reformer sur deux rangs, reculer et remettre le sabre.

On commencera à donner aux chevaux la leçon du pistolet pour les habituer au feu. (Le Règlement prescrit, pour dresser les chevaux au feu, de faire tirer des coups de pistolet pendant qu'ils mangent l'avoine. Ce moyen est insuffisant; ils sont distraits du bruit par leur repas, et font si peu d'attention à ce qui lui est étranger que cette leçon ne leur profite nullement; ils n'en sont au contraire que plus animés lorsqu'ils entendent le feu hors de l'écurie.) On s'y prendra de la manière suivante: la classe sera formée sur un rang à files très-aisées, par les moyens prescrits dans le Règlement. Un sous-officier, suivi d'un homme portant de l'avoine dans une musette et armé d'un pistolet, se mettra à quelques pas en avant de la droite du rang, et en parcourra lentement le front en faisant agir le chien, et ouvrant et fermant le bassinet. Les chevaux qui paraîtront effrayés de ce bruit, recevront un peu d'avoine de l'homme qui suit le sous-officier, et les cavaliers qui les montent les caresseront : on n'en donnera plus à ceux qui sont tranquilles. On continuera cette leçon jusqu'à ce que les chevaux soient parfaitement indifférens au bruit de la batterie, et que le sous-officier se soit approché le plus près possible du rang sans que cet exercice influe sur le calme de la classe.

Le second degré de la leçon consiste à armer le pistolet sans être chargé, et en lâcher la détente, en observant les mêmes précautions que pour le premier.

Pour le troisième, le sous-officier se placera plus éloigné en avant du centre, amorcera son pistolet et le fera partir de côté. Comme la lueur de l'amorce et l'odeur de la poudre effraieront plus de chevaux que le bruit seul de la batterie, il faudra avoir deux hommes pour donner de l'avoine. Le sous-officier ne recommencera à brûler une amorce que lorsque toute la classe sera calme; il se rapprochera insensiblement, et finira par faire sentir le pistolet à chaque cheval effrayé, pendant qu'il mange l'avoine dans la main de celui qui la lui donne.

Le quatrième degré sera de mettre un peu de poudre sans bourre dans le canon, et de suivre les mêmes indications que pour le précédent.

Le cinquième consiste à mettre une très-petite

bourre avec une charge légère, et à l'augmenter en proportion du calme qu'acquièrent les chevaux, ayant attention de ne pas s'écarter de ce qui est prescrit ci-dessus, pour les précautions à prendre : celle d'éviter qu'un cheval soit touché par un grain de poudre est trop connue, pour avoir besoin d'insister sur cela.

Lorsque les résultats de cette leçon ne laisseront rien à désirer, on la donnera pendant que les hommes seront dispersés dans le manége, d'abord au pas, ensuite au trot ; les chevaux qui conserveraient encore un peu d'inquiétude seraient conduits, après le coup de pistolet, sur les hommes qui tiennent l'avoine, ils en recevraient un peu ; tous les autres seront arrêtés et caressés un moment ; ils continueront ensuite à marcher.

Après les succès complets de cette leçon, on tirera de temps en temps des coups de pistolet, pendant le travail de la classe, et, dans les commencemens, l'instructeur aura soin de faire faire halte après chaque coup, et de faire donner de l'avoine si cela est nécessaire.

On emploiera les mêmes moyens pour habituer les chevaux au bruit du tambour et de la musique, ainsi qu'au flottement des drapeaux. Cette instruction, très-simple en apparence, doit pourtant être donnée avec intelligence. Dans cette hypothèse elle produit des effets surprenans par leur promptitude, et lorsque tous les chevaux d'un régiment l'ont reçue, chaque cavalier peut se servir de ses armes avec sûreté et confiance.

Pendant les derniers jours de ce mois, on donnera individuellement, d'abord de pied ferme, la leçon du pincer. On commencera par en faire prendre la position, mais sans qu'elle soit suivie de l'exécution; ce ne sera que le dernier jour du travail de ce mois qu'on fera pincer réellement tous les chevaux de la classe, avec la vigueur nécessaire en pareil cas; on s'y prendra de la manière suivante :

La classe étant formée sur deux rangs, on fera sortir la file de droite. (Dans ce cas, les hommes mèneront leurs chevaux des deux mains.) Le cavalier du premier rang se mettra au trot ordinaire, et lorsqu'il sera éloigné de celui du second de dix à douze pas, ce dernier prendra aussitôt le trot et conservera exactement sa distance. Lorsque l'instructeur jugera, par le calme de l'allure et la position aisée de l'homme, qu'il peut faire pincer, il commandera : *Garde à vous, pour pincer.* A ce commandement, le cavalier doit assurer son corps, pousser la ceinture en avant, se bien lier des cuisses, tourner la pointe des pieds ainsi que les genoux en dehors, et détacher les jambes du corps de son cheval, pour se préparer à le frapper avec toute la vigueur dont il est susceptible.

Aussitôt que cette position est prise, l'instructeur, sans perdre de temps, commande : *Pincez ;* le cavalier frappe des deux éperons à la fois derrière les sangles, comme avec deux marteaux, et ne laisse tomber ses jambes que lorsque son cheval s'est porté franchement en avant ; il se met au pas, rentre calme dans le rang et met pied à terre.

Toutes les files reçoivent successivement cette leçon qui a l'avantage de préparer les chevaux à recevoir la bride, et à les rendre plus souples et plus obéissans aux jambes. Jusqu'à ce moment les hommes n'ont pas dû faire usage de leurs éperons ; et, dans la suite de l'instruction, on leur apprendra à ne s'en servir que pour corriger leurs chevaux et prendre le galop de charge, qui doit être le seul à-coup de la cavalerie.

A mesure que les hommes mettent pied à terre, les sous-officiers instructeurs les interrogent sur les principes qu'ils ont reçus pour les différentes circonstances où ils se trouvent.

A la fin du travail, on fera défiler par la droite et par la gauche, remonter à cheval, et partir par files, les hommes au repos.

CINQUIÈME MOIS.

C'est à l'instruction de ce mois seulement que les chevaux travailleront en brides. Les hommes auront acquis déjà assez d'assiette, de liant et de solidité par les leçons précédentes, pour être sûr qu'on obtiendra dans ce travail des résultats satisfaisans, si l'instructeur continue à entretenir dans sa classe le sang-froid des hommes et le calme des chevaux, ne permettant aucun à-coup ni moyen de force, et s'astreignant toujours lui-même à instruire avec patience, clarté, simplicité, et surtout sans verbiage routinier ni criaillerie.

L'attention préliminaire doit être d'emboucher les chevaux d'une manière convenable. J'ai tout lieu de croire que le mors qu'on a adopté pour la cavalerie ne remplit pas ce but; je n'entreprendrai pas dans ce moment d'en démontrer les vices, je me bornerai seulement à indiquer celui que je crois le plus propre au service militaire, parce qu'il exige très-peu de réparations et convient à toutes les bouches, en lui donnant les différentes proportions qu'elles demandent. Un mors de mameluck mitigé, et dont la gourmette en forme circulaire tient au haut de l'embouchure, me paraît devoir remplir toutes les conditions requises. Ses avantages sont sans nombre. J'en citerai les plus remarquables, qui sont : 1° d'employer moins de temps pour brider; 2° de laisser toute espèce de liberté aux barres, lorsque le cavalier le juge nécessaire; 3° de trouver dans la gourmette, qui ne varie jamais (chose impossible avec celle dont on fait usage maintenant), un point d'appui certain à l'extérieur, lequel rend l'effet de la main moins fort, et se partageant entre celui qui s'opère dans l'intérieur de la bouche, est moins sujet à échauffer et à engourdir les barres; car plus un mors peut avoir d'action sur les différentes parties où il doit porter, moins il est dangereux dans ses effets, et c'est une erreur de croire que ce qu'on appelle un mors doux soit une embouchure convenable : l'expérience m'a prouvé qu'il rendait la main du cavalier très-dure, finissait par détruire la sensibilité des barres, et mettait bientôt le cheval hors de son aplomb; 4° de donner au cavalier une entière sécurité, fondée sur ce que la gourmette ne pouvant jamais se casser ni se perdre, il se livre avec plus d'intrépidité aux hasards de la guerre : heureuse confiance qui, en lui faisant parfaitement maîtriser son cheval, le rend aussi plus redoutable à son ennemi.

A l'appui de ce que je viens de dire en faveur

de ce mors, je citerai l'usage constant que j'en fais moi-même depuis long-temps; tous les jours je lui reconnais de nouveaux avantages, et la recommandation que j'en fais ici porte sur la conviction intime que j'ai de sa bonté.

Pendant les premiers jours du travail de ce mois, les chevaux bridés seront amenés en main au manége et formés sur un rang. La classe sera composée du même nombre d'hommes que précédemment; ils auront leurs sabres et le pistolet gauche; ils mèneront des deux mains les trois premiers jours, et ensuite toujours d'une seule, le sabre dans l'autre.

On fera monter à cheval, ajuster les rênes comme dans le Règlement, si ce n'est qu'on fermera la main gauche à la première partie du commandement, au lieu de le faire à la seconde. On rompra par un, alternativement par la droite et par la gauche; on fera des à-droite, à-gauche, demi-tours et tours entiers; on travaillera au pas et au trot ordinaire, qu'on allongera et ralentira souvent. On fera arrêter, reculer, obliquer à droite et à gauche, appuyer à droite et à gauche, marcher trois et rompre par un; former le rang en avant, à droite, à gauche, sur la droite et sur la gauche, à files aisées, au pas et au trot. L'instructeur prendra trois hommes autour de lui en cercle, au trot, et donnera successivement cette leçon à tous ceux qui composent la classe; il fera prendre ensuite la queue de la colonne au trot ordinaire et allongé; pendant ce travail il expliquera les principes des demi-temps d'arrêt. J'ai cherché à prouver, dans ce que j'ai dit sur les allures, combien il était difficile et même nuisible de vouloir apprendre au cavalier à rassembler son cheval. Cet abus, qui revient à chaque instant dans le Règlement, aura sans doute beaucoup de défenseurs; je m'attends même à être fortement blâmé de trouver quelque chose à redire à ce principe, consacré depuis long-temps dans la cavalerie; mais, n'importe, je sais me mettre au-dessus des préjugés pernicieux; et lorsque j'ai la certitude qu'il a des résultats funestes, je m'appuie, pour le combattre, de ce que j'ai vu, de ce que je vois sans cesse, et des effets produits par les moyens contraires. Je le supprime donc entièrement de mon instruction, et je me borne à faire bien comprendre celui des demi-temps d'arrêt, le seul qui soit à la portée d'un cavalier.

Lorsque la position de la main gauche sera assurée et que les chevaux exécuteront facilement et avec calme les mouvemens ci-dessus, on travaillera par trois sur deux rangs, le sabre à la main, et l'on exécutera tout ce qui a été fait par un, en y ajoutant les temps de sabre et de pistolet.

On fera *prendre la queue de la colonne* au galop, par les moyens progressifs indiqués dans le chapitre sur les allures; cette leçon préparera les hommes et les chevaux à celle qu'ils doivent recevoir dans le dernier mois, et qui les confirmera dans cette allure.

On fera les mouvemens par trois de pied ferme et en marchant; on donnera les principes d'alignement en exigeant insensiblement des hommes de se rapprocher botte à botte, mais sans serrer. Ceux de conversion seront donnés à pivot fixe, au pas et au trot, allongeant et ralentissant souvent et faisant ouvrir et serrer les files. Les hommes sortiront individuellement des rangs au trot, se disperseront en allongeant et ralentissant. Alors on donnera la leçon de feu avec le pistolet.

Lorsque les chevaux seront parfaitement tranquilles au bruit du pistolet tiré par le sous-officier instructeur, on fera amorcer d'abord quelques hommes, qui lâcheront leurs pistolets individuellement de pied ferme; puis on les fera charger faiblement, ensuite un peu plus, et tirer en marchant, mais toujours dispersés. On reformera sur deux rangs; on fera rompre par trois, alternativement par la droite et par la gauche; on fera les formations en avant à droite, à gauche, sur la droite et sur la gauche au trot; on fera remettre le sabre, mettre pied à terre. On questionnera les hommes; on fera défiler et rentrer les chevaux en main à l'écurie.

Nota. Une partie de la cinquième leçon du Règlement est destinée au maniement des armes, aux feux et au pied à terre des dragons pour combattre. C'est, à mon avis, du temps perdu pour l'instruction, dont l'unique but doit être de mettre le cavalier à cheval d'une manière aisée et solide, et d'assouplir en même temps le cheval.

On doit remarquer que pendant toute la durée de mon instruction, les hommes travaillent le sabre à la main, et acquièrent sans s'en apercevoir la facilité de s'en servir, ainsi que de leur pistolet. Voilà donc pour les armes, l'objet essentiel mieux entendu que dans le Règlement, qui veut qu'on ne commence qu'à la fin de cette cinquième leçon à avoir le sabre à la main. Il fait précéder cela de longs détails sur le maniement des armes, les feux, etc., qui emploient le temps qu'on donnerait à une instruction plus profitable. Je supprime donc cette partie dans l'école du cavalier, et je la renvoie à l'époque où les promenades militaires commencent; elle s'apprend facilement, et pour former les hommes à l'usage de la carabine, mon avis est qu'il n'y a pas de meilleure méthode, que de les faire tirer à la cible d'abord à pied, ensuite à cheval.

Un autre vice de cette même leçon, c'est la manière dont on apprend aux hommes à galoper. On leur fait faire un ou deux tours de carrière au galop, par quatre. Comment l'instructeur peut-il indiquer à chaque cavalier les fautes qu'il commet, et ne doit-il pas résulter de cette méthode des à-coups et des désordres qui détruisent en un instant le bien qu'aurait pu faire l'instruction jusqu'à ce moment? il est donc nécessaire de donner cette leçon avec tout le soin possible; en conséquence, on isolera les hommes assez pour pouvoir les surveiller dans toutes leurs opérations, afin que les principes soient exécutés à la rigueur, et qu'aucun faux mouvement ne puisse échapper à l'œil vigilant de l'instructeur. C'est pourquoi, dans la méthode que j'ai adoptée, je prépare à la leçon du galop chaque cavalier séparément, par le moyen *de prendre la queue de la colonne*, qui est un acheminement à ce que je dois leur apprendre dans le mois suivant.

SIXIÈME MOIS.

La sixième leçon du Règlement commence par ces mots :

« Les instructeurs à cheval devant être choisis » parmi les hommes qui annoncent le plus de dis-

» positions pour l'équitation, et leur instruction ne » pouvant être assez perfectionnée, cette sixième » leçon ne sera donnée *qu'aux sous-officiers ins-* » *tructeurs et aux cavaliers destinés à les rem-* *placer.* »

Cette manière claire de s'exprimer ne devrait laisser aucun doute sur l'intention qui a présidé à la rédaction de cet article, et pourrait faire croire que l'école du cavalier se termine à la cinquième leçon, dans laquelle il ne reçoit d'autre instruction de galop, que celle qui est prescrite pour la fin des reprises, et que tout officier un peu instruit doit juger insuffisante. Cependant, malgré les termes positifs de ce préambule, l'école de la charge individuelle est comprise dans cette leçon, et si on croit qu'elle suffit pour perfectionner les hommes et les chevaux dans l'allure du galop, il me semble facile de prouver que, loin d'atteindre ce but, cette méthode ne fait au contraire que gâter le cavalier et son cheval. C'est ce que je vais essayer de démontrer en peu de mots.

Pour obtenir une bonne charge, il est indispensable que l'officier qui la commande soit parfaitement maître de sa troupe. Quels sont les moyens de parvenir à ce résultat? Certes, ce n'est pas en demandant aussi promptement le dernier degré de galop, qu'on arrivera au point de calmer assez les chevaux pour que les hommes puissent les maîtriser et les conduire avec sûreté. Quand l'allongement des allures n'est pas amené avec prudence et sagesse, il nuit à l'aplomb du cheval, dérange la position de l'homme, et met de l'incertitude dans l'effet de sa main et de ses jambes.

Il est inutile de détailler les funestes résultats qu'il peut avoir; tout individu qui monte à cheval, les sentira facilement, s'il se rappelle ce qu'il a éprouvé lui-même en pareille circonstance. Pourquoi le cavalier destiné à agir dans les rangs, où cet inconvénient se fait sentir bien plus que dans l'équitation individuelle, puisque des chevaux réunis et pressés perdent toujours un peu du calme, qu'on a cherché à leur donner dans l'instruction; pourquoi, dis-je, le cavalier serait-il exempté d'un principe qui a pour but la solidité, l'aisance, la facilité de guider son cheval, et dont l'application me paraît être de rigueur pour la cavalerie?

Ce vice du Règlement ne saurait donc être corrigé trop tôt, si on veut avoir des troupes maniables. Aussi long-temps qu'on négligera d'apprendre au cavalier à allonger et ralentir les allures à volonté, son ignorance à cet égard sera toujours une cause de trouble et de désordre dans les rangs (1); on ne la préviendra qu'en suivant pour le galop la même progression indiquée plus haut pour les autres allures. Il y a d'autant plus de raisons de l'appliquer à celle-là, qu'étant plus rapide, elle désordonne davantage les chevaux, si elle n'est pas enseignée avec sagesse. D'ailleurs, n'est-il pas au moins extraordinaire de voir exclure de cette sixième leçon, les hommes qui contribuent le plus au succès des évolutions, par l'ensemble que leur donne une bonne instruction? surtout quand on réfléchit que cette même instruction se trouve déjà fort arriérée par un début en couverte et à la longe, qui me paraît être une des causes principales des mauvais résultats des principes du Règlement; en ajoutant à cela le temps qu'on perd dans la cinquième la leçon, au maniement des armes et aux feux, il sera facile de juger si la sixième ne devrait pas être consacrée à toutes les classes d'un régiment sans aucune exception. Ces raisons, qu'un bon esprit saura apprécier, m'engagent donc à continuer l'instruction

---

(1) La nécessité d'apprendre au cavalier et à son cheval à allonger et ralentir les allures, se fait particulièrement sentir dans tous les mouvemens de conversions, où les différens degrés dont je parle, sont forcément exigés. Comment l'exécution en serait-elle bonne si ce moyen ne fait pas un point essentiel de l'instruction ?

du sixième mois d'après les principes qui m'ont guidés jusqu'alors ; j'en écarte la charge individuelle, qui sera mieux classée dans l'école de l'escadron que dans celle du cavalier. Par ce moyen on se trouve avoir des hommes qui savent galoper avant de charger, et non des machines que la force de la discipline peut quelquefois faire mouvoir avec une apparence d'ensemble qui plaît au vulgaire, mais qui n'a jamais lieu qu'au détriment des chevaux et du bon ordre qui doit régner dans l'intérieur des rangs.

La classe sera amenée à cheval et formée sur deux rangs. Les hommes auront toutes leurs armes, afin d'en prendre l'habitude eux-mêmes, ainsi que leurs chevaux.

On fera mettre le sabre à la main ; rompre par trois au trot, alternativement par la droite et par la gauche ; allonger et ralentir les allures ; des temps de sabre et de pistolet ; des à-droite, à-gauche, demi-tours par trois au trot, ayant soin d'exécuter ces mouvemens au pas, et de reprendre le trot aussitôt qu'ils sont finis ; les formations en avant, à droite, à gauche ; sur la droite et sur la gauche ; obliquer et appuyer à droite, à gauche ; arrêter souvent ; reculer et prendre la queue de la colonne.

Ces différens mouvemens doivent se succéder

avec assez de rapidité pour faire contracter aux hommes et aux chevaux cette aisance et cette souplesse, qui leur font exécuter avec calme et sans moyens de force tout ce qu'on peut leur demander.

La leçon suivante sera le complément de leur instruction, et après l'avoir reçue, ils seront en état de passer à l'école d'escadron, sans qu'il soit nécessaire de s'occuper trop d'eux individuellement, la progression de cette méthode leur ayant appris tout ce qu'il faut pour être bien dans le rang. Elle sera donnée ainsi qu'il suit :

On fera rompre trois ou quatre files *par un*, selon la grandeur du terrain où l'on travaille. Ces hommes prendront entr'eux une distance de dix à douze pas, qu'ils auront soin d'observer pendant toute la durée de la leçon. Du pas, on les fera passer au trot ordinaire, et du trot au pas ; on les fera arrêter plusieurs fois, allonger et ralentir l'une et l'autre allure ; faire des à-droite, à-gauche, demi-tours et tours entiers, et enfin galoper.

Il n'est pas inutile de rappeler ici le principe par lequel on augmente les allures. Ayant banni de mon instruction la méthode pernicieuse de rassembler les chevaux, il n'en sera pas plus fait mention que dans les mois précédens.

Le cavalier étant au trot allongé, qui, ainsi que je l'ai déjà dit, ne doit jamais mettre le cheval hors de son aplomb, l'instructeur commandera : *au galop*, et répétera plusieurs fois ce commandement avant de prononcer celui d'exécution, afin que les hommes et les chevaux s'habituent à l'entendre, conservent le même calme et la même allure ; dans le cas contraire, il ferait ralentir et allonger le trot jusqu'à ce qu'il juge que les dispositions sont favorables pour galoper sagement. Alors il commandera : *marche*, qu'il faut prononcer de manière à ne pas brusquer l'exécution. A ce commandement, chaque homme appuiera les deux jambes également, pour allonger le trot autant que possible, ayant la main légère, et observant de sentir un peu plus la rêne de dehors. Lorsque le cheval aura pris le galop, chaque cavalier replacera sa main, et l'instructeur marquera la cadence de l'allure en comptant à haute voix *un, deux*. Si les chevaux s'animaient dans les premiers jours, on les remettrait au trot, et on les ferait passer par toutes les progressions des allures jusqu'à ce que le galop ordinaire soit calme et facile. On changera de main par des demi-tours à droite et à gauche; on fera des temps de sabre et de pistolet; et l'instructeur ordonnera à chaque homme successivement de compter lui-même à haute voix la cadence du galop, afin de la leur graver tellement dans la tête qu'ils ne puissent l'oublier dans aucune circonstance (1). Si quelques chevaux ne prenaient pas le galop aussitôt que leurs cavaliers le leur demandent, il faudrait bien se garder d'employer des moyens de force pour y parvenir. Pourvu que le cheval soit à sa distance on le laissera suivre au trot, et insensiblement il finira par tomber de lui-même au galop. Lorsque le premier degré de cette allure sera parfaitement calme et assuré, on la fera allonger progressivement, en observant tout ce qui a eté dit pour le trot allongé. Après avoir traversé tous les degrés de cette instruction, les chevaux seront tellement souples et d'aplomb, que l'instructeur pourra avec d'autant moins d'inconvéniens faire arrêter du galop sans passer au trot, que les hommes auront en même temps beaucoup de liant : il aura seulement attention de prolonger le commandement de *halte*, afin que l'exécution ait lieu sans surprise et sans force. Cette leçon ne doit être donnée que lorsque les chevaux galopent librement aux deux mains, et qu'ils allongent et ralentissent cette allure avec facilité.

A mesure que les hommes reprendront leur

---

(1) Il en sera de même pour le trot ordinaire dans le cours de l'instruction, on en fera compter la cadence à haute voix par les cavaliers eux-mêmes.

place dans le rang, ils remettront le sabre et mettront pied à terre ; les sous-officiers instructeurs les questionneront ainsi que ceux qui attendent la leçon du galop. Quand tous l'auront reçue, on fera remonter à cheval, mettre le sabre à la main ; on donnera les principes d'alignement au trot et ceux de conversion au galop ; on fera sortir du rang au trot et enfin au galop, disperser et rallier en exigeant plus de promptitude et de correction qu'auparavant ; on rompra par trois, et on donnera la leçon pour le feu. Quand le galop commencera à être assuré on fera tirer des coups de pistolet par les cavaliers eux-mêmes, pendant la leçon ; on fera remettre le sabre, mettre pied à terre et remonter à cheval.

Les quinze derniers jours de ce mois on fera sauter la barrière, la haie et le fossé avant de rentrer les chevaux à l'écurie.

Quant à la course des têtes, c'est un exercice qu'on peut faire si cela convient, mais qui ne doit arriver qu'après que l'homme sait galoper ; on peut donc le classer où l'on voudra. Cependant mon avis est qu'on fera bien de le bannir de l'école du cavalier, qui déjà n'est pas d'une trop longue durée, pour y laisser subsister ce qui peut retarder ses progrès. Il en sera de même du pied à terre pour combattre, que je renvoie à l'école de l'escadron.

CHAPITRE III.

Jeunes Chevaux.

Ainsi que l'école du cavalier, l'instruction des jeunes chevaux doit particulièrement fixer l'attention des officiers de cavalerie qui désirent voir cette arme portée au degré de perfection dont elle est susceptible. Si elle n'est pas dirigée avec sagesse, si une méthode fondée sur le développement naturel des forces de l'animal et sur sa conservation ne préside pas constamment à ce travail, on ne verra dans les rangs que des chevaux faibles et vicieux, fruit inévitable des mauvais principes de leur éducation, qui, une fois manquée, ne laisse plus d'espoir d'amélioration.

L'article 6 du titre Ier du Règlement, qui traite de cette partie si importante de l'instruction, est loin d'être satisfaisant ; il glisse légèrement sur quelques principes généraux, consacrés par de vieilles routines, en usage chez ceux qui n'ont jamais cherché les moyens propres à dresser les chevaux sans les affaiblir. Il les livre sans pitié à la longe, *tant qu'on jugera nécessaire de les y tenir;* par cette tolérance il laisse aux caprices d'instructeurs, souvent privés de tact, tous les moyens de les ruiner avant d'être montés; car cette leçon est sans contredit celle qui demande le plus de soins et de prudence; il veut que le trot soit allongé, *sans cependant mettre le cheval sur les épaules*, contradiction évidente lorsqu'il s'agit d'un jeune cheval qui n'est pas encore d'aplomb, et chez lequel l'alongement des allures ne peut venir que progressivement et en mettant pour condition rigoureuse que son corps sera toujours porté également par chacune de ses quatre jambes. Qu'on se donne la peine de relire ce que j'ai dit sur cela précédemment, on verra s'il est prudent d'abandonner ainsi les forces d'un animal, dont on attend de grands services, à un système destructeur qui, loin de le débourrer (comme on l'appelle vulgairement), ne fait que le fatiguer de bonne heure, et lui enlève toutes les ressources de l'avenir.

Combien n'a-t-on pas vu de jeunes chevaux, qu'on croyait avoir rendus dociles par un long exercice de ce genre, se défendre ensuite sous le cavalier, et montrer des vices qu'ils n'auraient jamais eus si on ne les avait affaiblis par un travail au-dessus de leurs forces?

La répugnance que j'ai manifestée pour la longe, dans l'école du cavalier, est toute aussi prononcée contre l'abus qu'on en fait dans l'instruction des jeunes chevaux. Comme depuis long-temps l'expérience m'a appris qu'on ne les assouplit bien qu'aux petites allures, j'ai abjuré depuis fort long-temps aussi cette erreur (si accréditée dans la cavalerie), qui consiste, dès le début de leur éducation, à leur demander le trot allongé, et à chercher à les assouplir par le moyen violent du mouvement circulaire, sans qu'aucun exercice préparatoire les y aient disposés à l'avance. Je suis donc revenu à des idées plus sages et mieux raisonnées; mises en pratique, elles m'ont toujours réussi au-delà de mes espérances, et l'émulation que je mettais à cette partie de mes devoirs m'a valu, dans beaucoup de circonstances de ma vie militaire, des choses satisfaisantes pour mon cœur.

Je ne donnerai ici qu'un tableau sommaire de cette instruction, pour ne pas revenir sur ce que j'ai déjà dit, où je renvoie pour les détails explicatifs.

TRAVAIL PRÉPARATOIRE.

Les chevaux qui n'auront pas cinq ans devront être sellés et bridés tous les jours à l'écurie; on leur levera souvent les pieds pour les rendre faciles à ferrer. Lorsqu'ils seront habitués à la selle, on les montera et descendra jusqu'à ce qu'ils soient tranquilles au montoir; on les promènera en main trois fois par semaine, et, dans les détails, on n'emploiera avec eux que des moyens de douceur et une grande patience.

Lorsqu'ils auront cinq ans faits, on les fera trotter à la longe pendant cinq ou six jours à une allure très-modérée (sans être montés), avec une selle, dont on laissera pendre les étriers. On évitera tout ce qui pourrait les animer; et, si par hasard ils l'étaient, on les ramènerait toujours avec sagesse, et sans à-coups de caveçon, au trot ordinaire. Cet exercice, pendant lequel ils travailleront aux deux mains, ne durera pas plus d'une demi-heure pour chacun par jour.

Après ces cinq ou six jours de longe, on les fera monter au large. Pour cela, on fera un choix d'hommes sages et montant bien, qui seront désignés pour les dresser, et qu'on ne changera plus, s'il est possible, pendant toute la durée de leur instruction : ce dernier soin est d'une grande importance.

Le travail sera divisé en six mois.

PREMIER MOIS.

Les chevaux, sellés et en bridons, seront amenés en main au manége. Les cavaliers, sans sabres ni éperons ni étriers, mèneront des deux mains, ayant une gaule dans la droite.

Ils seront formés sur un rang à files ouvertes. On les fera monter individuellement, en prenant toutes les précautions qui peuvent les rendre tranquilles ; on les mettra sur le carré, par un, au pas et au trot ordinaire ; on fera faire des à-droite, à-gauche, demi-tours à droite et à gauche, sans exiger de rectitude dans ces mouvemens, et faisant observer de se servir de la gaule avec sagesse et intelligence, au lieu des jambes, qu'il ne faut pas employer dans les commencemens ; on fera arrêter souvent, ralentir et allonger le pas, reculer une ou deux fois, passer souvent du pas au trot et du trot au pas, former sur un rang sans alignement et avec distances, mettre pied à terre ; remonter à cheval, chaque homme pour son compte ; disperser au petit pas, et reformer sur un rang avec distances.

Après avoir mis pied à terre une seconde fois, on donnera la leçon du feu, comme elle est indiquée dans le quatrième mois de l'école du cavalier.

On défilera alternativement par la droite et par la gauche, et les chevaux seront reconduits en main à l'écurie.

Ce travail ne durera pas plus d'une heure; il aura lieu trois fois par semaine.

On aura soin de faire travailler séparément les chevaux difficiles, s'il s'en trouve dans la classe.

DEUXIÈME MOIS.

Les chevaux, en bridons, seront amenés en main au manége, et formés sur un rang à files aisées.

Les cavaliers, sans éperons, étriers ni sabres, mèneront toujours des deux mains. On les fera compter par trois, monter à cheval au commandement, les faisant rester un moment sur l'étrier, pour caresser leurs chevaux, et leur recommandant d'arriver en selle avec beaucoup de tranquillité; rompre par un par la droite et par la gauche. On commencera à faire connaître les jambes, en se servant de la gaule à propos. Les allures seront le pas et le trot ordinaire. On exigera plus de rectitude dans les à-droite, à-gauche et demi-tours.

On fera faire des tours entiers, et l'on continuera à ralentir et allonger le pas, arrêter, reculer, et passer souvent du pas au trot et du trot au pas.

L'instructeur prendra trois hommes sur le cercle au trot autour de lui, et après les avoir fait travailler aux deux mains, il leur fera gagner la queue de la colonne, et ainsi de suite tous ceux de la classe.

On fera *marcher trois*, dédoubler par un, former sur un rang, mettre pied à terre, monter à cheval, disperser au pas, qu'on fera allonger et ralentir; reformer sur un rang, et, après avoir mis pied à terre, on donnera la leçon du feu; on rentrera les chevaux en main à l'écurie. Ce travail ne durera qu'une heure.

TROISIÈME MOIS.

Les chevaux, en bridons, seront toujours amenés en main et formés sur deux rangs.

Les cavaliers, sans éperons ni étriers, mais avec le sabre dans le fourreau, auront les rênes du bridon dans la main gauche, la gaule dans la droite, à la position du sabre, et mèneront d'une seule main.

On fera monter à cheval; rompre par files, par la droite et par la gauche, au pas et au trot ordinaire; des à-droite, à-gauche, demi-tours et tours entiers par deux; temps de sabre avec la gaule; trois ou quatre hommes en cercle, au trot, autour de l'instructeur; rompre par un, marcher trois, prendre la queue de la colonne au trot, en l'alongeant insensiblement; ralentir et allonger le pas ainsi que le trot; arrêter, reculer, passer souvent du pas au trot et du trot au pas; former sur deux rangs; donner, par rang, les principes d'alignement à files ouvertes et de conversions à pivot mouvant, en faisant ouvrir et serrer les files au pas et au trot ordinaire; reculer par rang, faire sortir du rang individuellement, disperser au trot ordinaire, reformer sur deux rangs, mettre pied à terre, donner la leçon du feu, défiler par la droite et par la gauche, et rentrer les chevaux en main à l'écurie.

Ce travail ne durera qu'une heure.

QUATRIÈME MOIS.

Les chevaux, en bridons, seront amenés montés au manége, et par files. Les cavaliers auront leurs étriers, et travailleront le sabre à la main.

La classe sera formée sur deux rangs; on fera mettre le sabre à la main; rompre par un au pas et au trot ordinaire; allonger et ralentir l'une et l'autre allure; arrêter souvent du pas et du trot; reculer; faire des temps de sabre et de pistolet; des à-droite, à-gauche, demi-tours et tours entiers; obliquer à droite et à gauche; marcher trois; prendre la queue de la colonne au trot ordinaire et allongé; former sur deux rangs en avant; à droite, à gauche, sur la droite et sur la gauche en bataille, après avoir rompu par trois alternativement des deux ailes; des à-droite, à-gauche, demi-tours et tours entiers par trois; mouvemens par trois de pied ferme et en marchant; appuyer à droite et à gauche; donner sur deux rangs les principes d'alignement à files aisées, et de conversions à pivot mouvant; ouvrir et serrer les files au trot, l'allongeant, le ralentissant souvent; sortir du rang individuellement au trot; disperser en allongeant et ralentissant le trot; reformer sur deux rangs; remettre le sabre et mettre pied à terre. Leçon du feu; défiler par la droite et par la gauche; remonter à cheval, et rentrer par files à l'écurie. (Les derniers jours de ce mois on pincera individuellement tous les chevaux, d'après la manière indiquée dans le quatrième mois de l'école du cavalier.)

Ce travail durera une heure et demie.

CINQUIÈME MOIS.

Les chevaux, après avoir été embouchés avec soin, seront amenés bridés au manége, et en main, et formés sur un rang. Les hommes auront leurs sabres et le pistolet gauche. Ils mèneront des deux mains les trois premiers jours, et ensuite d'une seule, ayant toujours le sabre à la main.

On fera monter à cheval, ajuster les rênes, rompre par un, par la droite et par la gauche; faire des à-droite, à-gauche, demi-tours et tours entiers. Les allures seront le pas et le trot, qu'on fera allonger et ralentir souvent. On fera arrêter, reculer; passer souvent du pas au trot, et du trot au pas; obliquer à droite et à gauche; appuyer à droite et à gauche; marcher trois et rompre par un; former le rang en avant à droite, à gauche, sur la droite et sur la gauche à files aisées; mettre en cercle autour de l'instructeur trois ou quatre hommes, qui regagneront la queue de la colonne au trot allongé; donner cette leçon à toute la classe.

La position de la main gauche une fois assurée, on travaillera par trois sur deux rangs, le sabre à la main, et l'on exécutera tout ce qu'on a fait par un, en y ajoutant les temps de sabre et de pistolet.

On fera prendre la queue de la colonne au galop; mouvemens par trois de pied ferme et en marchant; on donnera les principes d'alignement, en exigeant peu à peu de sentir la botte, mais sans serrer; ceux de conversion à pivot fixe, au pas et au trot, en allongeant et ralentissant souvent, et faisant ouvrir et serrer les files; on fera sortir individuellement du rang au trot; disperser en allongeant et ralentissant. La leçon du feu; formation en avant à droite, à gauche, sur la droite et sur la gauche au trot ordinaire; remettre le sabre; pied à terre: défiler, et rentrer les chevaux en main à l'écurie.

Ce travail durera deux heures.

SIXIÈME MOIS.

La classe sera amenée à cheval par files, et formée sur deux rangs en arrivant. Les hommes auront toutes leurs armes.

On fera mettre le sabre à la main; rompre par trois, par la droite et par la gauche; allonger et ralentir le pas et le trot; temps de sabre et de pistolet; des à-droite, à-gauche, et demi-tours par trois; toutes les formations; les mouvemens obliques; appuyer à droite et à gauche; arrêter; reculer, et prendre la queue de la colonne au galop.

On donnera la leçon du galop; celle des alignemens et des conversions, au trot et au galop; on fera disperser; rallier sur deux rangs; rompre par trois. Leçon du feu; pied à terre; monter à cheval; saut de la barrière, de la haie et du fossé.

Ce travail durera deux heures et demie.

CHAPITRE IV.

Subdivisions et mouvemens par trois ; leurs avantages sur les mouvemens par quatre.

Pour proposer un changement dans un système quelconque, suivi depuis long-temps, et qui, par la longue habitude qu'on en a, passe aux yeux de beaucoup de gens pour être le meilleur, il est nécessaire de s'appuyer de raisonnemens convaincans, afin de prouver que ce qu'on propose est préférable à ce qui existe, et que l'esprit de novation n'y est pour rien. C'est ce que je vais essayer d'entreprendre en faveur des mouvemens par trois. Il me serait sans doute plus aisé de détruire les préventions qui peuvent exister contre eux, s'il m'était permis de les faire exécuter en présence d'officiers de cavalerie assez animés de l'amour du bien pour les juger impartialement; mais leur bonté m'ayant été démontrée depuis long-temps, connaissant d'ailleurs l'imperfection des mouvemens par quatre, j'espère du moins que, si ma conviction seule ne les fait pas adopter (ce dont je suis loin de me flatter), les détails que j'en donnerai pourront peut-être engager à en faire l'essai, ce qui est toujours sans inconvéniens.

La cavalerie française a fait usage de ces mouvemens avant la révolution; mais ils étaient établis sur un principe vicieux, qui en rendait l'exécution difficile. L'homme d'aile de chaque rang de trois servait de pivot au mouvement, et quoique la longueur du cheval, égale à l'épaisseur de trois, donnât en apparence la place nécessaire pour tourner, il n'en est pas moins vrai que la ligne diagonale était un obstacle à la facilité de ces mouvemens; c'est cette raison qui les a fait abandonner très-promptement pour y substituer ceux par quatre; mais en établissant le pivot sur le cavalier du centre, la ligne diagonale devenant moins longue pour les chevaux des ailes, le mouvement s'opère très-facilement. Cette méthode le rend si liant et si correct, qu'on peut le comparer en quelque sorte aux mouvemens individuels par le flanc de l'infanterie, puisqu'il s'exécute sans la moindre perte de terrain sur la ligne de bataille, et qu'il est d'une rectitude à ne rien laisser désirer dans ses résultats.

Je sais d'avance que la première objection qu'on me fera, portera sur ce qu'il y a toujours un homme de l'aile qui recule, et on mettra sans doute en avant ce lieu commun : *qu'il faut éviter le plus qu'on peut de faire reculer la cavalerie.* Je n'ignore pas cela ; mais voyons maintenant si ce petit inconvénient est aussi grave que de laisser subsister les subdivisions par quatre, car, à part ce reproche, je ne pense pas qu'on puisse sans partialité lui en faire d'autres. Ceux qu'on peut adresser avec raison aux mouvemens par quatre, sont au contraire en grand nombre. Pour me rendre plus intelligible, je commencerai par rappeler les principes consacrés par le Règlement provisoire actuel (*page* 102) : *chaque cheval monté occupe en épaisseur le tiers de sa longueur ; cette épaisseur est un peu moins d'un mètre ou de trois pieds.* Je dis donc : l'épaisseur d'un cheval monté est de trois pieds, et sa longueur de neuf. Quatre chevaux montés les uns à côté des autres occupent douze pieds, leur profondeur est toujours de neuf. Plus loin je vois (*page* 107) : *lorsque les rangs sont serrés, la distance à cheval sera de deux tiers de mètre (ou deux pieds), comptés de la croupe des chevaux du premier rang à la tête de ceux du second.* Si la profondeur d'un rang de quatre n'est que de neuf pieds et que son épaisseur soit de douze, il paraîtrait impossible, au premier aperçu, que les quatre chevaux du second rang, n'étant éloignés du premier que de deux pieds, pussent faire leur mouvement de conversion, qu'ils doivent exécuter dans onze pieds, tandis qu'il leur en faut douze pour se placer; mais, attendu que chaque homme de l'aile fixe doit pivoter sur le point central de son cheval, chaque rang de quatre du second rang, trouve sur la moitié du cheval du pivot du rang qui le précède, la place qui lui manque pour emboîter ce mouvement. Il n'en est pas moins vrai que son exécution est établie sur un principe vicieux, qui est l'obligation de conserver exactement deux pieds entre les rangs; je l'appelle vicieux, parce que, malgré l'attention que peuvent y porter les officiers et sous-officiers, il est presque impossible de le faire observer constamment par les cavaliers, qui ont une tendance naturelle à serrer et à réduire machinalement la distance à un pied. Cette habitude devient encore plus fâcheuse, lorsque les rangs de huit sont formés. Si, pendant la marche de flanc, le guide, ainsi que tous les hommes de chaque rang, n'observent pas la régularité de la distance, qui devient plus ou moins difficile en raison de la vitesse et de la durée de la marche, il en résulte qu'il est impossible de remettre la troupe en bataille sans désordre et sans à-coups. Je ne me souviens pas d'avoir vu, dans des régimens même, où l'instruction individuelle était parfaite, ces mouvemens exécutés avec la précision qu'on doit attendre d'une bonne cavalerie.

Ils sont en outre des mouvemens réels de conversion, qui, chaque fois qu'ils s'opèrent, forment une nouvelle parallèle en avant de la ligne de bataille, de sorte que, si l'on voulait rentrer dans celle-ci, on serait obligé de reculer de la longueur d'un cheval, inconvénient qui se fait particulièrement sentir lorsqu'une troupe en ligne avec de l'infanterie est obligée à des mouvemens de flanc.

Les mouvemens par trois n'ont aucun de ces désavantages. Je commence par établir comme certain que la distance d'un pied entre les rangs serrés, est suffisante pour que les chevaux ne se donnent pas d'atteintes. J'ose affirmer que les évolutions n'en reçoivent que plus d'ensemble et de force d'impulsion, tandis qu'une plus grande distance y met à coup sûr de l'incertitude et du décousu. Ce principe posé, je trouve encore dans cette réduction d'un pied plus de facilité à faire mon mouvement par trois, puisque l'épaisseur de mon rang de trois, étant égale à sa profondeur, je tourne neuf pieds dans dix, ce qui prouve que les marches de flanc sont parfaitement régulières, quelque longues qu'elles puissent être, en ce qu'elles n'exigent pas des cavaliers une attention soutenue pour conserver leurs distances, et qu'il n'y a même pas d'inconvénient que les rangs se serrent trop.

Un autre avantage qui sera, j'espère, bien compris par tout le monde, c'est que s'exécutant sur l'homme du centre, ils ne font pas perdre un pouce de terrain sur la ligne de bataille.

Quant au reproche qu'on pourrait leur faire, d'obliger un cheval à reculer, cet inconvénient est-il donc si grand qu'il faille pour cela renoncer à tous leurs avantages? dans l'alignement, les chevaux ne doivent-ils pas reculer souvent, et lorsqu'ils sont une fois dressés convenablement, ne sont-ils pas assez souples pour obéir à tout ce qu'on leur demande? d'ailleurs ce mouvement en arrière est si peu de chose qu'il s'opère sans la moindre peine. J'ai servi pendant dix ans dans un régiment, où ces mouvemens étaient établis, et dans toutes les circonstances, en temps de paix comme en temps de guerre, j'en ai reconnu la bonté.

Une autre objection qu'on ne manquera pas de faire, est: *comment les hommes comptés par trois dans les rangs peuvent-ils monter à cheval et mettre pied à terre?* J'y répondrai par l'explication suivante:

On fait compter ainsi les deux rangs par la droite de chaque peloton: *droite, centre, gauche*, chaque homme ayant soin de tourner la tête à gauche et de prononcer à haute voix, afin que son voisin entende distinctement ce qu'il dit. Pour s'assurer si les cavaliers ont retenu la place qu'ils occupent dans les subdivisions par trois, on fera le commandement : *prouvez les droites.* Les hommes qui ont compté *droite*, étendront le bras droit, la main à la hauteur de l'épaule, les ongles en dessus, et resteront dans cette position jusqu'à ce que celui qui commande, après s'être assuré qu'il n'y a pas d'incertitude, fasse successivement les commandemens : *prouvez les centres, prouvez les gauches;* alors les bras retomberont à mesure que les hommes désignés élèveront les leurs. Quand on se sera assuré par cette épreuve que chacun retient sa place, on commandera *fixe*, et l'immobilité sera générale.

Pour monter à cheval, les cavaliers étant devant leurs chevaux à rangs ouverts, on commandera : *garde à vous; pour monter (à) cheval.*

A ce commandement, ils feront tous demi-tour à gauche; les *centres* sortiront entièrement du rang, et les *droites* et *gauches*, à l'exception des files des deux ailes de la troupe, sépareront leurs chevaux à droite et à gauche assez pour trouver la place de monter à cheval. Le reste comme dans le Règlement.

Au commandement *reprenez vos rangs*, les *droites* et *gauches* se porteront en avant, en se rapprochant l'un de l'autre et s'aligneront sur les *centres* dans les deux rangs, le second ayant soin de serrer à la distance d'un pied.

Lorsqu'on voudra faire mettre pied à terre, on

commandera *garde à vous; pour mettre pied (à) terre.* A ce commandement tout le premier rang ensemble se portera en avant de la longueur d'un cheval, les *centres* déboîtront, et les *droites* et *gauches* sépareront leurs chevaux comme pour monter à cheval, et s'arrêteront. Le reste comme dans le Règlement.

Au commandement *reprenez vos rangs*, les *droites* et les *gauches* se porteront en avant et s'aligneront sur les *centres*, qui ne doivent pas bouger et rester alignés entre eux. Le second rang serrera à la distance d'un pied. Dans ces mouvemens on voit que personne ne recule, et qu'ils sont d'une exécution très-facile.

Je ne pense pas qu'on puisse faire d'autres objections aux mouvemens *par trois.* Quant à la subdivision qu'ils établissent dans les escadrons, elle me paraît aussi préférable à celle *par quatre*, qui nécessite le dédoublement *par deux* dans une infinité de circonstances, dédoublement qui, en allongeant les colonnes, en rend la marche plus incertaine et plus fatigante pour les chevaux. Il est bien rare que le terrain qui oblige à marcher par deux, ne permette pas d'y passer trois de front; mais si le contraire arrivait, on y suppléerait par la marche par *files*, c'est-à-dire qu'en dédoublant par un, l'homme du second rang se porterait à la droite de son chef de file, si on marchait la droite en tête, et à sa gauche dans l'ordre inverse. Ce mouvement remplacerait donc la subdivision par deux, et ne devrait s'exécuter que dans les cas d'absolue nécessité.

Pour rendre les subdivisions *par trois* encore plus avantageuses, il serait à désirer que les escadrons fussent plus forts qu'ils ne le sont, afin que chaque peloton pût toujours être composé de dix-huit files.

Les subdivisions de l'escadron seraient dans ce cas ainsi qu'il suit : *d'un; de deux* ou *par files; de trois; de six* (par le mouvement par trois)*; de sections* ou *de neuf files; de pelotons* et *de divisions* ou *demi-escadrons;* ce qui donnerait tous les moyens de rompre selon les diverses circonstances.

La force de l'escadron devrait être, à mon avis, réglée de la manière suivante :

Maréchal-des-logis en chef.	1
Maréchaux-des-logis.	8
Brigadier-fourrier.	1
Trompettes.	4
Brigadiers.	16
Maréchaux ferrans.	2
Cavaliers montés.	140
Idem, non-montés.	18
TOTAL.	190

Le désir que je témoigne de voir les escadrons plus forts, tient à la connaissance que j'ai de l'affaiblissement qu'ils éprouvent en temps de guerre, tant par les détachemens de tous genres et les pertes qu'ils font devant l'ennemi, que par les maladies, la désertion, etc.; accidens qui, avec la formation actuelle, les mettraient presque toujours dans l'impossibilité de fournir quarante-huit files présentes; tandis que celle que j'indique, offre dans toutes les réductions possibles une certitude de force, qui conserve à chaque escadron les moyens d'agir isolément.

Cette formation m'amène naturellement à parler de celle des officiers.

Il me paraît que le grade de chef d'escadron, tel qu'il est maintenant, est fort inutile, et qu'en augmentant le nombre des officiers supérieurs sans troupe, il ne fait que rendre onéreuse une place qui devrait du moins tourner au profit du service. Pourquoi ne pas donner à chacun d'eux la responsabilité d'un escadron, tant pour la discipline et l'administration intérieure, que pour l'instruction et la manœuvre de cette troupe réunie? Car, pour l'école du cavalier, je pense qu'elle doit toujours être confiée à un officier nommé uniquement pour diriger cette partie, que tous ne comprennent pas également.

Deux capitaines, deux lieutenans et quatre sous-lieutenans, dont les uns seraient premiers et les autres seconds, chacun dans son grade, suffiraient comme à présent, malgré l'augmentation de la force de l'escadron, pour donner encore à toutes les divisions du service intérieur et de la manœuvre, l'action de surveillance qui leur est nécesssaire.

Un régiment de quatre escadrons pourrait donc être réduit à trois, sans perdre de sa force; elle s'augmenterait au contraire de quarante-deux hommes. L'économie qui en résulterait, serait, pour chaque régiment, des huit officiers du quatrième escadron. Il y aurait un chef d'escadron de plus à nommer.

En réduisant les régimens de la Garde à quatre escadrons, au lieu de six, chacun se trouverait à la vérité avoir un total diminué de trente-deux hommes; mais il y aurait une économie des officiers des deux escadrons fondus dans les quatre autres.

On aurait de même un chef d'escadron à nommer par régiment.

Dans les régimens de ligne, l'économie des maréchaux-des-logis et brigadiers serait, par régiment, d'un maréchal-des-logis en chef, huit maréchaux-des-logis, un brigadier-fourrier, seize brigadiers et deux maréchaux ferrans.

Dans chacun des régimens de la garde elle serait de deux maréchaux-des-logis en chef, seize maréchaux-des-logis, deux trompettes, deux brigadiers-fourriers, trente-deux brigadiers et quatre maréchaux ferrans.

S'il m'est permis de m'expliquer aussi sur le grade de major, tel qu'il subsiste maintenant dans l'armée, je dirai que la dénomination en est mauvaise, puisque dans ses attributions on l'a rendu très-inférieur, et qu'il n'est, à proprement parler, qu'un quartier-maître renforcé.

En mettant donc chacun à sa place, le major devrait venir immédiatement après le lieutenant-colonel, et ses fonctions seraient alors celles d'un officier supérieur, car il est plus qu'inconvenant de le voir sous les ordres d'un chef d'escadron, d'après l'idée que tout soldat se forme de ce titre, ou bien il faut le désigner par le nom de chef d'escadron quartier-maître.

Le major, rendu à ses fonctions primitives, partagerait avec le lieutenant-colonel qui aurait le grade sur lui, la surveillance du régiment, chacun dans les détails qui leur seraient confiés par les réglemens ou par le colonel.

On pourrait discuter avec avantage l'utilité des

adjudans-majors, dont le service serait tout aussi bien fait par les officiers des escadrons et les adjudans sous-officiers; mais puisque ce grade existe, et que, d'ailleurs, vu le nombre énorme d'officiers en expectative, qui sont dans le cadre de l'armée, il ne m'appartient pas de prononcer sur leur sort, je pense qu'il n'y a pas d'inconvénient que les régimens de ligne gardent ceux qu'ils ont; mais, en suivant la formation que je voudrais voir adopter pour la cavalerie, il y en aurait nécessairement un, ainsi qu'un adjudant sous-officier, supprimé dans chacun des régimens de la Garde.

L'économie pour les quarante-sept régimens de ligne serait de :

376 Capitaines, lieutenans et sous-lieutenans.
47 Maréchaux-des-logis en chef.
376 Maréchaux-des-logis.
47 Brigadiers-fourriers.
752 Brigadiers.
94 Maréchaux ferrans.

Celle pour les huit régimens de la Garde serait de :

136 Capitaines, adjudans-majors, lieutenans et sous lieutenans.
8 Adjudans sous-officiers.
16 Maréchaux-des-logis en chef.
128 Maréchaux-des-logis.

16 Brigadiers-fourriers.

16 Trompettes.

256 Brigadiers.

32 Maréchaux ferrans.

Nota. Il y aurait 47 chefs d'escadron à nommer dans les régimens de ligne, et huit dans ceux de la Garde.

Total général de l'économie.

512 Capitaines, adjudans-majors, lieutenans et sous-lieutenans.

8 Adjudans sous-officiers.

63 Maréchaux-des-logis en chef.

504 Maréchaux-des-logis.

63 Brigadiers-fourriers.

16 Trompettes.

1008 Brigadiers.

126 Maréchaux ferrans.

Nota. Il y aurait cinquante-cinq chefs d'escadron à nommer.

Je laisse à qui voudra le soin de calculer quelle serait l'économie en argent; elle me paraît assez importante pour mériter qu'on s'en occupe. Quant aux raisons politiques qui peuvent faire tenir à la formation actuelle, je ne cherche nullement à les pénétrer; mon but tend à former une cavalerie imposante et redoutable aux vrais ennemis de la France.

Des officiers qui ne voient dans la guerre que ses grands résultats, diront peut-être que la même cavalerie formée d'après les principes que je repousse comme vicieux, a cependant contribué aux succès éclatans des armées françaises; que par là, elle doit être appelée à en partager la gloire, et qu'il est injuste de combattre la cause qui a produit de si grands effets. Je me laisserais séduire par ce raisonnement spécieux, si je n'avais approfondi les raisons qu'on peut lui opposer. Lorsque j'ai vu moi-même partir pour l'armée des troupes composées d'hommes, qu'on appelait cavaliers, et qui savaient à peine diriger leurs chevaux, puis-je croire que ce sont ces mêmes hommes qui ont contribué aux victoires dont nous sommes si fiers? non; c'est plutôt au système d'attaque adopté par un général habile et entreprenant qui savait tirer parti de la valeur française, qu'on doit attribuer les grandes choses qu'il a faites, et que, sans sa *tactique des masses*, qui entraînait tout le monde, il aurait indubitablement compromis sa cavalerie, s'il lui avait fait courir les chances du système suivi par ses ennemis; qu'on ajoute à cela les effets d'une ambition démesurée et d'une prodigalité inépuisable, qui, pour atteindre son but, lui faisait sacrifier, sans calcul, hommes, chevaux et argent, tandis qu'un général aussi habile, mais moins ambitieux, aurait pu faire une guerre plus humaine et moins dispendieuse avec d'aussi bons résultats, et l'on sera forcé de convenir que je suis autorisé à blâmer des principes qui ne faisaient que des victimes incapables de résister individuellement à la supériorité d'un cavalier bien dressé, et que, si les miens ne sont pas déclarés mauvais par une autorité irrécusable, je dois au moins les croire utiles pour les plus grands succès de la cavalerie, la conservation des chevaux, et conséquemment pour les intérêts de l'État.

C'est dans cette vue que je me suis décidé à les écrire et à les soumettre aux officiers impartiaux.

N. B. Dans la pratique, ces principes demanderaient plus de développement. Beaucoup de détails n'ont été qu'indiqués, pour ne pas donner trop d'étendue à ce Mémoire, qui, tel qu'il est, réclame déjà assez d'indulgence de la part du lecteur.

CONSEILS

A UN JEUNE OFFICIER

DE CAVALERIE (1).

Un jeune homme bien élevé, qui embrasse la carrière militaire, doit plus qu'un autre s'appliquer à mériter l'estime de ses supérieurs et la considération de ses subordonnés, par une conduite sage, prudente, et une grande attention à remplir ses devoirs exactement. Rien ne doit lui paraître minutieux. Qu'il se pénètre de cette vérité : que *c'est par les petites choses qu'on arrive aux grandes;* et qu'il ne néglige rien de ce qui peut contribuer à lui acquérir la réputation d'un officier consommé dans son métier.

La surveillance des sous-officiers, l'attention à les bien choisir, la connaissance parfaite du caractère et des habitudes des hommes qui lui sont con-

(1) Cette règle de conduite me fut demandée, il y a plusieurs années, par la famille d'un jeune homme très-distingué, qui avait embrassé par goût et volontairement la carrière militaire.

fiés, une discipline et une subordination exactes, la distribution et l'emploi de la solde, la régularité de l'ordinaire, les mœurs, la connaissance et les soins des chevaux, l'équitation, l'instruction, l'application aux manœuvres de guerre, la lecture des bons livres militaires, la bonne tenue, le service dans les camps et tout ce qui y a rapport, l'étude des langues et de la fortification de campagne, etc., etc.

Telles sont les différentes parties qui doivent l'occuper sans cesse; moins il s'y joindra de dissipations et plus il se préparera de jouissances, par la considération que lui vaudra bientôt sa conduite. Qu'il se garde bien cependant de se livrer à un zèle exagéré, qui trop souvent dégénère en tyrannie. Que sa discipline soit sévère; mais que ce soit une sévérité paternelle, qui contienne les méchans dans le devoir, et encourage sans cesse les bons : les soldats doivent savoir qu'ils trouveront en lui un protecteur, un appui, et en même temps un juge sévère.

Afin de parvenir à des résultats heureux, il est indispensable qu'un officier tienne chacun de ses subordonnés à sa place, et qu'il ne souffre jamais que l'un empiète sur la besogne de l'autre. Il ne doit faire lui-même que ce qui lui est prescrit par son grade. Cela ne doit pourtant pas l'empêcher de chercher à acquérir des connaissances au-delà de ses besoins. Il faut qu'il mette tous ses soins à bien choisir les sujets qu'il destine aux places de brigadiers et de sous-officiers. Comme c'est avec leur coopération qu'il peut parvenir au bien qu'il se propose, il ne saurait être trop difficile dans son choix. Leurs qualités doivent être : une bonne conduite, la sobriété, la fermeté, la justice, le calme, l'intelligence, la bravoure et l'intégrité. Les prendre à la taille, c'est s'exposer à en changer souvent, attendu qu'il n'est pas toujours sûr qu'ils réunissent à la tournure les qualités requises; quand cela se rencontre, il y a de l'avantage, en ce que l'extérieur ajoute encore quelque chose à leur autorité. Ils doivent avoir eu assez d'éducation pour qu'elle leur donne l'ascendant qui peut les faire respecter, et qu'elle leur interdise cette familiarité qui est toujours la preuve de la médiocrité, dans cette classe.

Le sous-officier étant responsable à l'officier de tout ce qui se passe, doit nécessairement fréquenter beaucoup le soldat, et lui inspirer de la confiance; mais toujours avec le tact qui donne la considération, sans laquelle il ne peut espérer de faire exécuter les ordres qui lui auront été donnés. Il ne doit rien prendre sur lui; ses rapports doivent être faits avec exactitude et beaucoup d'impartialité. C'est sur ce dernier point que l'officier doit être extrêmement strict. Il est nécessaire que celui-ci prenne toutes les informations possibles, avant d'infliger une punition sur de simples rapports, et, s'il a été trompé, il doit sévir contre cette fausse délation avec d'autant plus de rigueur, qu'il donnera par là une idée de son amour pour la justice et la vérité, ce qui non-seulement lui vaudra l'affection de ses soldats, mais aussi tiendra à l'avenir ses sous-officiers sur leurs gardes. Ceux-ci, trop souvent prévenus contre des individus dont les seuls torts sont de leur déplaire, savent surprendre la bonne foi des officiers négligens et peu zélés; il en résulte presque toujours de graves inconvéniens, comme les complots, la désertion, etc., suites inévitables du mécontentement causé par des injustices. Que fait, au contraire, l'officier jaloux de bien remplir ses devoirs? il ne prononce jamais son jugement qu'après avoir convaincu le coupable; la moindre incertitude sur la faute de l'accusé doit répugner à un homme d'honneur, et lui valoir son pardon. Ceci fait sentir l'obligation dans laquelle est tout officier d'apprendre à bien connaître le caractère et les dispositions morales des hommes qui sont sous ses ordres; sans cette connaissance, il ne sera jamais qu'un très-médiocre officier, et ne mettra que de la routine dans ce qui exige du tact et de l'adresse.

Quoique par ses devoirs, le sous-officier se trouve plus directement que l'officier en rapport avec le soldat, il faut que celui-ci sache que, s'il éprouve la moindre injustice, il sera accueilli avec intérêt par son officier, de même qu'il serait puni sévèrement, s'il venait à lui pour se plaindre à tort. Cette balance d'autorité et de confiance produira toujours des résultats favorables au bon ordre et à la discipline.

La connaissance des bonnes ou mauvaises dispositions de chaque soldat en particulier facilitera aussi la formation des chambrées et des ordinaires; objet important, qui est une des bases de la bonne harmonie qui doit régner dans les corps. Plusieurs mauvaises têtes réunies, plusieurs hommes disposés à l'indiscipline, qui seraient toujours ensemble, établiraient bientôt, dans un escadron, un esprit contraire à celui qui doit guider le bon soldat. Il faut donc les diviser, autant qu'il est possible, dans la masse des bons sujets, choisir leurs camarades de lit dans le nombre de ces derniers, ne jamais les perdre de vue, et les forcer, par la conviction de la faiblesse de leur parti, d'adopter les principes de soumission que les lois militaires exigent d'eux. Dans cet arrangement, l'officier doit user de beaucoup d'adresse; s'il laisse apercevoir de la méfiance, il ne fera qu'irriter davantage les mauvais esprits; il se verra contraint alors d'employer toute son autorité, pour établir ce à quoi il parviendra plus aisément avec du tact et de la finesse.

Pour peindre jusqu'à quel point les sous-officiers doivent être vigilans et adroits, un ancien officier de mérite disait *qu'ils doivent entendre l'herbe croître;* cela exprime avec originalité l'étendue de leurs devoirs, et les qualités qu'il faut trouver en eux.

La discipline et la subordination consistent à faire ponctuellement, sans objections ni répliques, tout ce qui est ordonné; elles commandent le respect et l'obéissance envers tout grade supérieur. L'officier les obtiendra de ses subordonnés sans difficulté, lorsqu'il en donnera l'exemple lui-même, dans toutes les circonstances; cette soumission de sa part lui donnera le droit d'être très-sévère pour la moindre faute d'insubordination, qu'il doit bien se garder de laisser impunie. Les raisonneurs surtout ne doivent jamais trouver grâce auprès de lui, eussent-ils même éprouvé une injustice, parce qu'il doit leur avoir appris qu'avant tout il faut obéir, et qu'il n'aura jamais égard à leurs plaintes, qu'après qu'ils auront fait preuve de soumission; ils sont au contraire punissables, s'ils se plaignent sans avoir rempli ce point important de la discipline militaire.

Lorsqu'un officier a reconnu la nécessité des punitions, il est de son devoir de les rendre aussi imposantes que les circonstances le lui permettent; il doit aussi les proportionner à la gravité des fautes, et les faire accorder en même temps avec le caractère des individus auxquels elles sont infligées. Rien ne nuit plus à son autorité que de punir sans fruit, comme aussi elle s'affermit davantage quand le soldat voit que c'est toujours par son côté faible qu'on le prend, et que son officier le connaît à fond. C'est donc par les punitions conformes aux différens caractères, qu'on parvient à les maîtriser tous. Des remontrances publiques, ou la censure des camarades; des privations ou humiliations; enfin la prison ou toute autre peine en usage dans le corps où il se trouve, telles sont les nuances qu'un officier habile doit savoir saisir, pour bien conduire les hommes. Le bon sujet qui fait une faute mérite de l'indulgence; mais il faut qu'il sache, ainsi que tous ses camarades, qu'il ne la doit qu'à sa bonne conduite antérieure; en cas de récidive, il mérite d'être puni. Avec de pareils moyens, la discipline et la subordination s'établissent sans force; il en résulte alors une confiance entière en faveur de l'officier, et toute la considération dont il a besoin.

Une partie qu'il doit surveiller très-scrupuleusement, c'est la distribution de la solde et son emploi. Le soldat est naturellement porté à la défiance, et se persuade souvent, avec ou sans fondement, que les personnes chargées d'administrer sa paie lui font tort; il est donc intéressant pour l'officier intègre de détruire cette opinion, en s'assurant par lui-même de la probité de ses sous-officiers dans cette distribution, et en faisant droit à toutes les plaintes qu'il pourrait recevoir sur cet objet; il doit vérifier très-souvent les comptes des chefs d'ordinaires, et exiger que la retenue prescrite par les règlemens soit employée à cet usage, sans qu'il en soit distrait la moindre chose. Beaucoup de soldats, s'ils étaient consultés, préféreraient un peu plus d'argent pour le dépenser au cabaret, à une bonne nourriture en commun; mais il faut bien se garder de tolérer cet abus, qui a le double inconvénient de contribuer à l'ivrognerie et de nuire à leur santé. L'officier doit faire de fréquentes inspections aux repas, goûter la soupe, s'assurer que la qualité du pain et de la viande est bonne, s'informer du prix des denrées, et remédier promptement aux abus qui pourraient se glisser dans ces détails; il doit aussi veiller avec attention sur les effets de petite monture, qui sont à la charge du soldat, afin qu'ils soient toujours complets, en bon état, et remplacés avec toute l'économie possible. L'uniformité et la qualité doivent guider dans ces remplacemens. Les livrets de décompte seront en règle, et, à l'époque fixée pour le solder, ce sera toujours l'officier lui-même qui, après avoir expliqué bien clairement à chaque homme en particulier ce qui le regarde, arrêtera son compte, le lui fera signer, et, si c'est un sujet d'une bonne conduite, lui remettra la balance qui pourra lui revenir; si, au contraire, c'est un homme peu rangé, et dont les effets ne soient pas en bon état, il retiendra dans ses mains ce qu'il aurait de BON, pour les remplacer, de même qu'il lui ferait faire un service ou panser un cheval, pour subvenir à cette dépense, si son décompte ne suffisait pas. Rien de plus mauvais que de laisser le soldat s'endetter; la faute en est toujours à l'officier, dont le devoir est d'administrer lui-même sa paie, et de s'assurer qu'il est au moins au courant. Il faut être très-sévère sur les dettes de cabaret. Après avoir fait prévenir les cabaretiers de ne point faire crédit aux soldats, si l'officier apprend que quelques-uns d'eux soient parvenus à en obtenir par fraude, par adresse ou par menaces, il fera bien de leur retenir la somme due pour être employée au profit des bons sujets, soit en augmentation de pain pour les jeunes gens auxquels la ration n'est pas suffisante, soit de toute autre manière qu'il jugera convenable. Dans tous les cas, le cabaretier qui a été prévenu de ne pas faire de crédit mérite de perdre son paiement, à moins qu'il ne puisse prouver qu'il y a été contraint par la force. En général, toute escroquerie doit être punie avec sévérité. On ne peut vraiment compter sur un soldat qu'autant qu'il est guidé par des principes d'honneur et de loyauté.

Les mœurs dans un soldat sont recommandables par l'influence qu'elles ont sur ses devoirs. Le libertin, quelques qualités qu'il puisse avoir, toujours entraîné par son goût pour la débauche, commet des excès qui l'énervent, l'exposent à des punitions fréquentes, et le mettent souvent hors d'état de faire son service. L'officier ne saurait trop lui représenter tous ces dangers, qui entraînent après eux la honte et le repentir. Il faut donner aux bons sujets beaucoup de liberté, et leur témoigner une grande confiance dans toutes les occasions; les mauvais au contraire doivent toujours être occupés et assujettis strictement aux heures du travail, d'appels, etc. : une distinction marquée est nécessaire entre ces deux classes d'hommes. Si, malgré ces précautions, le libertinage ne peut point être arrêté, il faut le punir très-sevèrement, et employer tous les moyens possibles pour le faire cesser. Lorsqu'un homme se met par ses débauches dans le cas de ne pouvoir plus faire son service, il n'est pas juste que ses camarades en souffrent comme s'il était détenu par une maladie accidentelle, ou par des blessures reçues devant l'ennemi. La meilleure punition est de lui faire payer son service et le pansement de son cheval, pendant la durée de sa maladie, ce qui tourne en même temps au profit des bons sujets; il faut aussi lui témoigner peu d'intérêt, et, à sa rentrée dans le régiment, lui reprocher publiquement ses mauvaises mœurs. Toute autre espèce de maladie mérite au contraire, de la part de l'officier, le plus grand intérêt. Il doit visiter souvent ses malodes, les consoler, s'assurer qu'ils sont bien soignés, et chercher à détruire les abus qui s'opposeraient à ce qu'ils le fussent. Il ne ferait pas mal de s'instruire des moyens de guérison pour les maladies ordinaires; cela peut lui être fort utile lorsqu'il se trouve éloigné des ressources de l'art, et contribuera beaucoup à lui attacher ses soldats.

Dans tous les établissemens quelconques, soit à l'arrivée dans les garnisons ou dans les camps, soit après une marche, etc., l'officier doit veiller à sa troupe avant de s'établir lui-même. Cette preuve d'intérêt pour le soldat est une partie essentielle de son devoir. En même temps qu'il ne doit rien négliger pour son bien-être et pour lui faire donner tout ce qui lui revient, il est aussi essentiellement de son devoir d'apporter tous ses soins au ménagement dû, en pareil cas, aux citoyens qui sont obligés de loger ses hommes ; on ne voit que trop souvent ceux-ci exiger de leurs hôtes de l'argent, ou toutes autres choses auxquelles ils n'ont aucun droit, en y ajoutant des menaces qui intimident les opprimés, et les empêchent de porter leurs plaintes ; c'est à l'officier à pénétrer dans ces mystères d'iniquités, et à établir une surveillance tellement active qu'aucun de ses subordonnés n'ose se porter à de pareils excès, dans la crainte d'être découverts et punis sévèrement. Telle doit être son impartialité entre le soldat et le citoyen. Juste et sévère pour tous, il méritera avec raison le titre de père de l'un et de protecteur de l'autre.

Les pratiques de religion ne pouvant s'établir dans le militaire par les moyens d'autorité, l'obligation d'entendre la messe les dimanches et fêtes, est la seule qu'un officier puisse faire remplir à ses soldats. Il les y conduira en ordre, et veillera à ce qu'ils s'y comportent avec décence et avec le respect dû à la sainteté du lieu. S'il peut obtenir d'eux, par la persuasion et l'intervention de l'aumônier, qu'ils remplissent à Pâques leurs devoirs de chrétiens, il aura fait le sien complètement à cet égard, en supposant toutefois qu'il leur donnera toujours l'exemple d'une conduite religieuse. Rien ne doit être négligé de sa part, pour empêcher les jure mens impies et les imprécations dont les soldats français n'ont que trop l'habitude.

La connaissance et les soins des chevaux sont une partie trop essentielle des devoirs d'un officier de cavalerie, pour négliger d'en parler ici; mais, comme il serait trop long d'entrer dans tous les détails sur cette matière, on se bornera à quelques principes généraux, en lui recommandant de lire souvent les meilleurs auteurs qui traitent ce sujet, et d'en faire l'application à propos.

Il faut qu'il ne se trompe jamais sur l'âge d'un cheval, et sur sa construction extérieure; qu'il en distingue bien les défauts et les qualités, afin d'être dupé le moins possible dans les achats qu'il pourra être dans le cas de faire; qu'il s'instruise des maladies auxquelles cet animal est sujet, de leurs signes apparens, de leurs dangers et des moyens curatifs; qu'il apprenne à bien connaître les yeux, chose très-importante, et qui demande une application toute particulière : il ne serait même pas mal qu'il sût saigner et faire les opérations faciles. On ne saurait trop lui recommander de chercher à acquérir des connaissances sur la ferrure. Cette partie, beaucoup trop négligée dans la cavalerie, est pourtant une de celles à laquelle l'officier doit veiller avec le plus d'attention; car c'est de la mauvaise ferrure que proviennent plus des trois quarts des maux de pieds et des accidens qui mettent les chevaux hors de service. Les maréchaux ont assez ordinairement une funeste routine, qui leur fait ferrer tous les pieds de la même manière, sans avoir égard aux différences de construction, qui doivent guider un bon ouvrier. C'est à l'officier à s'apercevoir de leur ignorance, et à prendre les moyens nécessaires pour les faire instruire, afin d'éviter les fâcheuses conséquences qui peuvent en résulter : en apprenant lui-même à ferrer, il n'aura que plus de facilité pour diriger avec intelligence cette partie importante de son métier.

Quant aux soins à donner aux chevaux, ils sont trop bien connus pour avoir besoin de les détailler ici. L'officier veillera à ce que tout ce qui est prescrit sur cela par l'usage et les règlemens de son régiment soit exécuté avec la plus scrupuleuse exactitude ; car c'est de la bonne tenue et de la régularité dans la nourriture que dépendent la santé et la vigueur du cheval, sans lesquelles l'homme le plus brave peut se couvrir en un moment de honte et d'infamie.

A la connaissance des chevaux doit se joindre le talent de les bien monter. Cet art, si difficile pour arriver à la perfection, demande à être pratiqué sans relâche. Lorsqu'on a acquis, par la lecture de bons ouvrages sur l'équitation, une théorie sûre et bien réfléchie, jointe à un peu de pratique, il faut se livrer à l'éducation des jeunes chevaux et en monter plusieurs par jour. Ce n'est que par la variété dans l'emploi des moyens, qu'on peut parvenir à faire l'application des vrais principes. Monter toujours le même cheval n'apprend rien; et c'est pourtant ce qui arrive à la majorité des officiers de cavalerie : celui qui voudra se distinguer dans cette partie fera bien de chercher à sortir de cette classe. S'il aime véritablement son métier, il en éprouvera le double avantage de se procurer, pour son compte, beaucoup de jouissances, et de se rendre utile en communiquant ses connaissances autres. Si son application et ses moyens le font choisir pour diriger l'instruction de son corps, il est nécessaire de lui prescrire des règles générales, pour que les résultats répondent à son zèle et à ses soins. Rien de plus satisfaisant pour un officier que de commander à une troupe bien instruite, puisque, étant sûr qu'elle exécutera parfaitement ses ordres devant l'ennemi, il pourra entreprendre avec elle des choses auxquelles il n'oserait penser de sang-froid avec une troupe moins bien dressée. Sa réputation militaire est donc souvent inséparable des bons ou mauvais succès qu'il aura dans cette besogne. Pour obtenir les premiers avec certitude, l doit se faire un plan méthodique, sans rien laisser au hasard ; c'est-à-dire, qu'après avoir choisi avec intelligence ses collaborateurs parmi les officiers et sous-officiers qu'il croit propres à bien remplir cette tâche, il faut qu'il mette tous ses soins à leur faire comprendre d'avance les moyens qu'il veut employer pour parvenir à son but avec certitude. Son instruction doit avoir pour base le calme, la patience, la clarté et la fermeté. Il n'est point de bons instructeurs sans ces qualités. En les détaillant davantage, elles consistent à ne s'écarter en rien de la méthode qu'on s'est proposée, dans l'espoir d'obtenir des résultats plus prompts ; à communiquer à la troupe qu'on instruit ce calme et cette tranquillité dans l'exécution, qui la rendent plus redoutable ; à bien voir les fautes particulières à chaque homme, à les reprendre avec justesse, en leur donnant sur-le-champ les moyens de se corriger ; à ne jamais dire que ce qui est nécessaire, trop de verbiage fatiguant le soldat, qui, à la longue, finit par ne plus écouter ; à faire exécuter à l'instant les principes, à mesure qu'on les explique ; à parler clairement et avec un ton ferme et militaire ; à ne jamais se mettre en colère ; à faire aimer l'instruction, par une patience qu'aucuns dégoûts ne puissent vaincre ; à s'assurer souvent, par des questions, si les principes sont bien compris ; à ne jamais parler sans exiger qu'on écoute avec la plus grande attention. Telles sont, en partie, les règles générales qu'un officier instructeur doit suivre lui-même, et faire observer à tous ceux qui sont employés sous ses ordres. Il fera bien aussi de leur défendre la chambrière, dont ils font presque toujours un mauvais usage; d'empêcher les criailleries, et de travailler de tout son pouvoir à éloigner de son instruction cette manière routinière, qui fait croire aux ignorans qu'ils sont habiles, dès qu'ils savent débiter leur affaire par cœur, sans apercevoir les fautes. Quand un homme manque, c'est à l'officier à juger si c'est par défaut d'instruction ou par mauvaise volonté; dans le premier cas, il doit être instruit sur ce qu'il ignore, mais dans le second il faut le punir. La fermeté de l'officier doit se laisser apercevoir à mesure que l'instruction fait des progrès; il ne doit rien passer; ses leçons doivent être courtes, afin de ne point fatiguer l'attention des hommes, et de conserver les chevaux en bon état: elles n'en seront que plus profitables à ses élèves, qui y viendront avec plaisir.

Quand il aura eu la satisfaction de former des escadrons à tous les exercices de détails, il devra mettre toute son application à bien connaître les manœuvres de guerre, et à étendre ses idées par la lecture des bons auteurs militaires. Le service des troupes légères en campagne doit fixer plus particulièrement son attention ; et il y exercera ses hommes le plus souvent qu'il pourra, de manière que chacun d'eux sache ce qu'il aura à faire dans toutes les circonstances. Plus l'instruction est individuelle, plus il est facile d'obtenir de bons résultats.

La bonne tenue donne non-seulement aux soldats l'apparence militaire qu'ils doivent avoir, mais elle contribue aussi à augmenter le bon esprit parmi eux, en les distinguant de cette soldatesque sale et dégoûtante, qui répugne au vrai soldat, et en leur donnant cette espèce d'amour-propre par lequel on mène les hommes. L'officier fera donc bien de ne point se relâcher sur la tenue, d'en donner l'exemple lui-même, et d'y mettre une surveillance tellement minutieuse, qu'il leur en fasse prendre l'habitude sans qu'ils s'en trouvent tourmentés. Les armes, l'habillement, l'équipement du cheval, doivent toujours être dans le meilleur état. Il faut que les brigadiers et les sous-officiers rendent compte sur-le-champ des plus petites dégradations dans ces parties. L'officier doit les faire réparer promptement, sans attendre qu'elles deviennent plus considérables. Des inspections journalières, dans lesquelles rien ne doit échapper à son œil pénétrant, sont les seuls moyens d'établir et d'entretenir l'ordre et la tenue au point où il veut les avoir. Si la dégradation a lieu par la faute ou la négligence du soldat, il est nécessaire qu'elle soit réparée à ses propres frais, afin de le rendre plus soigneux à l'avenir. Toutes les réparations quelconques ne doivent se faire que sur des *bons* signés de l'officier, pour prévenir les abus qui pourraient s'introduire dans cette partie, sans cette précaution. Enfin il n'y a point de détails de propreté et de tenue dans lesquels l'officier ne doive entrer, vu qu'ils contribuent à la santé des soldats, et au bon ordre qui doit régner parmi eux. Il est bon d'observer que l'officier doit toujours être le premier partout, s'il veut obtenir sans punition l'exactitude de la part de ses subordonnés.

Il faut qu'il s'instruise bien à fonds du service dans les camps, afin de ne point être novice lorsqu'il sera dans le cas de camper. Dans ses promenades particulières, il fera bien d'exercer son coup d'œil à juger le terrain, et d'apprendre à le mesurer par les temps de galop de son cheval, jusqu'à ce qu'il soit sûr de son fait. Alors il n'hésitera jamais sur l'espace nécessaire au déploiement des troupes qu'il pourra avoir sous ses ordres. En général, sur tous les points de son métier, il est à désirer qu'il ne se trompe que le plus rarement possible s'il veut acquérir cette confiance aveugle qui fait que le soldat obéit avec la certitude de toujours bien faire.

En observant le pays qu'il parcourt, il se rendra compte à lui-même du parti qu'il pourrait en tirer, soit pour y établir un camp, soit pour ouvrir la marche de plusieurs colonnes, soit enfin pour y agir avec de l'infanterie seule, de la cavalerie ou de l'artillerie, ou bien avec les trois armes réunies. Il comparera ensuite ses idées avec ce qu'il aura lu sur ces différens sujets, et, par là, il se formera promptement un jugement sain, en attendant que les circonstances le mettent à même de déployer ses talens devant l'ennemi.

Il entre aussi dans l'instruction d'un jeune officier, de quelque arme qu'il soit, de savoir lever la carte d'un pays correctement, ce qui peut contribuer à son avancement, en le faisant employer dans l'état-major; une connaissance parfaite de la fortification de campagne lui est de même nécessaire. Dans beaucoup d'occasions, il peut occuper un poste qui, par son importance, l'oblige à se retrancher. S'il ne sait comment s'y prendre, il s'exposera peut-être à être forcé, ou à d'autres dangers qu'il aurait pu éviter avec des connaissances sur cette partie.

L'application aux langues étrangères fait de même partie d'une éducation militaire. Aux agrémens qu'elles procurent, se joint encore la certitude d'en tirer toujours un grand avantage, pour se distinguer sur les différens théâtres de la guerre, et pour satisfaire l'ambition que doit avoir tout officier qui aime son métier.

Tels sont les conseils d'un ancien officier de cavalerie, qui désire sincèrement que ce faible résultat de son expérience soit de quelque avantage pour celui entre les mains duquel il tombera. C'est la seule consolation qu'il puisse retirer de tous les sacrifices qu'il a faits, pendant la plus grande partie de sa vie, pour un métier qu'il a beaucoup aimé, et qui lui a procuré, au milieu de bien des peines, quelques jouissances qu'il n'a dues qu'à son zèle et à son amour pour le bien.

FIN.

IMPRIMERIE DE DEMONVILLE, RUE CHRISTINE, N° 2.

BIBLIOTHEQUE ROYALE

telle qu'elle est indiquée dans la première le
(n° 146).

Lorsque les chevaux trotteront avec aisance
les fera travailler au large, et exécuter tout ce
est prescrit dans la troisième leçon (n°,176).

Si quelque cheval montre des fantaisies, il fa
sur-le-champ le remettre à la longe, et l'y
jusqu'à ce qu'il soit entièrement corrigé.

Si le cheval se cabre, le cavalier devra, san
ranger son assiette, porter le haut du corp
avant, ne pas s'attacher aux rênes, ce qui
faire renverser le cheval; mais au contraire r
la main.

Si le cheval rue, le cavalier devra cherc
garder sa position en mettant le corps un p
arrière, sans se roidir; il devra en même
fermer les deux jambes pour porter le che
avant, et soutenir la main pour l'empêch
mettre la tête entre les jambes.

Les chevaux ruent rarement droit, ils j
presque toujours la croupe à droite ou à ga
le cavalier ayant soin de se conformer à ce
dit ci-dessus, devra en même temps sentir l
du côté où le cheval rue le plus fortemen
d'opposer les épaules aux hanches, et les red

Lorsqu'un cheval voudra ruer en marcha
s'en apercevra aisément au ralentissement du
vement de ses jambes de devant; on pou
même, par le ralentissement du mouvem

www.ingramcontent.com/pod-product-compliance
Ingram Content Group UK Ltd.
Pitfield, Milton Keynes, MK11 3LW, UK
UKHW012236240726
13966UKWH00003B/1114